BIAD 2016 优秀工程设计

北京市建筑设计研究院有限公司 主编

U0223904

中国建筑工业出版社

编制委员会	朱小地	徐全胜	张 青	张 宇	郑 实	邵韦平
	陈彬磊	徐宏庆	孙成群			
主　　编	邵韦平					
执 行 主 编	郑 实	柳 澎	杨翊楠	王舒展		
美 术 编 辑	康 洁					
建 筑 摄 影	杨超英	傅 兴	陈 鹤	刘锦标	夏 至	彦 铭（等）

序

2016年是北京市建筑设计研究院有限公司（BIAD）走过的第67个年头，作为专注于"设计主业"的BIAD而言，评选"年度优秀工程"是一项非常重要的技术总结工作，也是对过去一年公司主业成就的一次检阅。为了记录BIAD的设计成就，让更多的人了解和分享BIAD的技术经验，我们将获2016年度优秀工程一、二等奖的项目成果汇集成册正式出版。作品集收录的每一个获奖工程都凝聚了设计团队的心血和汗水，也展示了BIAD人"设计创造价值"的专业能力。

评委会制订合理的评判标准，以项目申报资料与回访实际效果为依据，从BIAD品牌建设高度出发，对建筑的建筑理念、设计创新、功能布局、造型设计、结构选型和机电系统合理、经济环保、工程控制力与完成度、使用感受等多方因素进行了全面综合的评估，务求使评选结果客观、公正。

这些获奖作品，来自22个主申报部门，61项符合参评资格，其中公共建筑40项，居住区规划及居住建筑9项，城市规划2项，结构、抗震专项各1项，绿色建筑专项4项，室内专项3项，人防专项1项；独立设计项目46项，占总项目的75.4%。

其中，涌现了一批高品质并具有突出社会影响力的建筑作品，表现出较高的完成度和专业整合能力，如：500米口径球面射电望远镜结构工程——"十一五"国家重大科技基础设施，涉及多交叉学科领域，具有重大国际影响，难度空前，极具挑战性，项目成果达到国际领先水平。保利国际广场1、3号楼——高完成度的一体化设计，整体技术难度大，建筑、结构表现力强。1号楼源于中国折纸灯笼寓意，采用外露斜网格柱设计，全玻璃外循环双层呼吸幕墙，灯笼的夜景效果引人注目。住总万科金域华府产业化示范住宅——北京地区80米高装配式（剪力墙）住宅的第一个实践项目，通过建筑、结构及节能一体化设计，实现了环保、绿色、节能减排的目的，设计和施工特色突出。唐山世界园艺博览会景观规划——利用成熟的集成规划手段，以"文化展示、生态塑造、持续发展"为核心理念，对会时和会后利用考虑充分。BIAD－B座七至八层装修改造——结合自身条件创造并运用多种绿色技术，进行人性化及智能化设计，令使用者在空气质量、照明、视觉及心理等方面的使用质量都得到提升，实现了从舒适、绿色、节能、管控等多角度的整体提升，获得美国LEED ID+C白金奖。

在公司2017年工作报告以及BIAD"十三五"科技发展规划中，将"打造战略新兴设计产品，布局未来新兴板块"作为了我们重要的目标和方向，"要打造城市规划、城市设计、旧城保护与更新、棚户区改造、装配式建筑、养老地产、轨道交通一体化、特色小镇、文化旅游、海绵城市、物流建筑等公司级新兴产品线，加强对援外、海外、一带一路、新兴中心城市等重点区域的投入"。本次评选所呈现的一批优秀作品中，如"2016年唐山世界园艺博览会景观规划设计""招远市高家庄历史村落保护规划""住总万科金域华府产业化示范住宅""援科特迪瓦阿尼亚玛学校"等已带来诸多欣喜，让我们继续直面挑战，奋力前行。

2016年，BIAD在工程设计方面所成就的一批有影响力的建筑作品，续写着"设计主业"新的辉煌。在此，向所有为BIAD品牌建设付出艰辛努力的各位同事表示衷心的敬意和感谢！当然也应看到，我们仍有很长的路要走。原创设计是BIAD品牌的核心，是立足之本；专业化、精细化设计是我们坚持的方向；更高的建筑品质是我们永不停息的追求；建筑服务社会是我们的理念和宗旨。所有这一切都需要我们倾注更多的心血，社会的期望、市场的压力都应成为我们不断前行的动力，BIAD品牌还需要我们发扬光大。我们也希望通过"优秀工程作品集"的出版，让追求卓越的BIAD设计精神得到弘扬，并激励年轻的BIAD设计师不断提高创作优秀作品的能力，用自己的专业技能服务社会，创造价值！

BIAD执行总建筑师　　邵韦平

目录

500 米口径球面射电望远镜结构工程（FAST）

一等奖 • 结构设计

建设地点 • 贵州省平塘县
建筑面积 • 25.00 万 m²
建筑高度 • 134 m 反射面

设计时间 • 2013.03
建成时间 • 2015.03

项目为"十一五"国家重大科技基础设施，涉及多交叉学科领域。

2016 年 9 月 25 日正式落成投入使用，是世界最大单口径射电望远镜，反射面总面积约 25 万平方米，规模、灵敏度等综合性能达到世界一流。主要任务是对脉冲星、类星体等各种暗弱辐射源进行更精密的观测，可深入到百亿光年外的星际空间。

处于天然喀斯特洼地复杂地质地貌，巨型工程，通过周圈随地势布置的不同高度格构柱（3.15~54.265 米）及内径为 500 米圈梁为边界支撑构成的索网系统。成型精度达到毫米级，可实现主动变位，实时调整形态，在观测方向形成 300 米口径瞬时抛物面以汇聚电磁波。在设计、加工制作、施工建造等环节完成多项科技创新成果。

FAST 工程为世界最大单口径射电望远镜，具有重大国际影响，难度空前，极具挑战性，项目获已授权发明专利 3 项，实质审查阶段发明专利 8 项，2016 年度北京市科学技术一等奖。

设计总负责人 • 朱忠义
项目经理 • 朱忠义
结构 • 朱忠义　张　琳　王　哲　刘　飞
　　　崔建华　李华峰　齐五辉　徐　斌

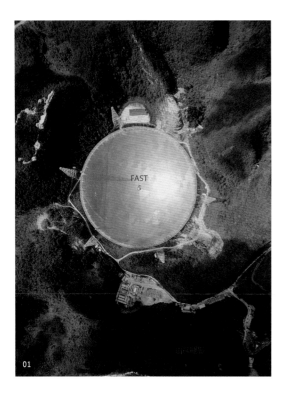

01

02

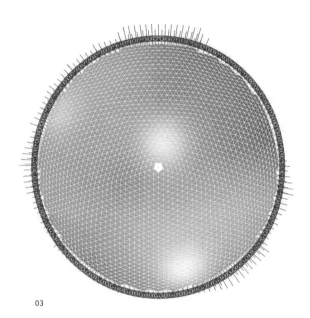

03

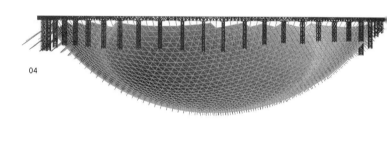

04

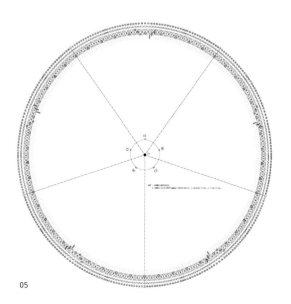

05

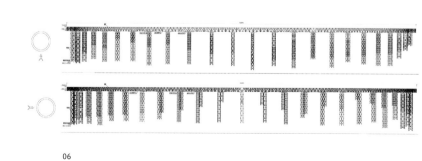

06

2016年唐山世界园艺博览会低碳生活园

一等奖 • 展览馆	建设地点 • 唐山市南湖	设计时间 • 2015.7
专项奖 • 绿建设计	用地面积 • 3.45 hm²	建成时间 • 2015.12
	建筑面积 • 0.30万 m²	
	建筑高度 • 13.30 m	

低碳生活园为唐山世界园艺博览会核心区主轴南端重要节点。设计从园区整体关系入手，建筑与景观相结合，形成"低碳生活馆"、"雨水收集公园"、"太阳能风力发电体验区"及"竹林剧场"四大展区，将展陈设计与室外装置相结合，把各技术的运作方式及原理直观地展现给游人。参观游客由南侧主入口进入一层大厅，公共区域依次串联了展厅、休息厅及后勤辅助空间，并通过楼梯联系屋顶环形景观平台。雨水花园回收的雨水可部分满足景观的需求；屋顶绿化降低室内能耗，起到"天然空调"的效果；景观用电全部采用可再生能源——太阳能和风力发电；竹林剧场的绿竹可有效地净化空气，营造高品质建筑环境。

设计精细度较好，建筑自由舒展，形式变化丰富，与周边环境结合自然。观景平台、生活馆及各类型坡道丰富了建筑空间，成功塑造具有展示功能的节点建筑。

绿色技术与建筑设计有较好的融合，整体性能表现优良。运用可再生能源——地源热泵系统、土壤对新风进行预冷预热的地道风系统以及雨水收集利用于灌溉等多项先进节能技术，综合体现了项目在绿色建筑节能、节水设计的示范作用。

设计总负责人 • 徐聪艺　张耕　韩梅梅
项目经理 • 杨彬
建筑 • 徐聪艺　张耕　韩梅梅
　　　谢楠　张良　郭志敏
结构 • 张晨军　李俊刚
设备 • 鲁冬阳　张成　郭文
电气 • 李林杰　罗忠远
景观 • 王丽霞

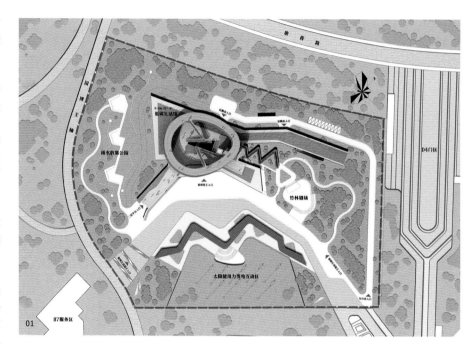

01

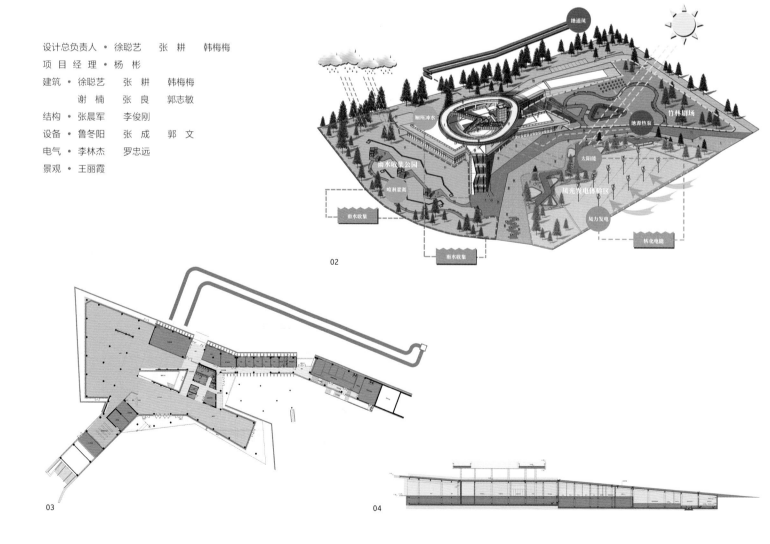

02

03

04

本页 　　07　细节局部
　　　　08 - 09　庭院内景

本页 10 挑檐局部
11 庭院局部
12 夜景

13

14

北京雁栖湖国际会展中心

一等奖 · 会展
综合体

建设地点 · 北京市怀柔区
用地面积 · 10.84 hm²
建筑面积 · 7.9 万 m²
建筑高度 · 31.90 m

设计时间 · 2013.10
建成时间 · 2015.02

项目位于北京市怀柔区雁栖镇雁栖湖畔，建筑的圆形平面嵌入三角形地块。项目主要功能为会展、宴会、接待及附属配套设施，面向范歧路首层和二层开设公众主入口、两侧为公众侧入口；背面首层设置车库及地下出入口，二层分设工作人员及住宿人员入口。正面及中部，地下二层为餐厅、新闻发布厅、媒体中心及多功能厅，并设置下沉庭院；地下一层主要设宴会厅及前厅、会议室；首层主要设会议室及包间，背面设厨房、车库及附属机房等；二层主要为主会议室及辅助用房；三至五层为酒店。

设计风格为"中而新"，传达"汉唐升华，天地飞扬"的建筑意境。圆形外轮廓的屋面设置层叠的飞檐；大屋檐下的外环廊设置外倾状幕墙，高位侧窗，实现自然通风。圆形会场使用中声学效果良好。项目取得绿色建筑三星标识认证。

建筑外观和室内设计包含了很多中国传统文化的元素，既是以现代建筑语言对中国传统文化的阐释，也是将传统文化与现代功能相融合的审慎尝试。建筑外部形象、室内和景观设计整体效果及细节设计均有较好控制。

设计总负责人 · 刘方磊
项目经理 · 金卫钧   焦力
建筑 · 刘方磊   焦力   金卫钧   任蕾   黄澜
结构 · 盛平   甄伟   王轶
设备 · 韩兆强   王毅   胡宁   曾源
电气 · 余道鸿   王妍
经济 · 陈亮

01

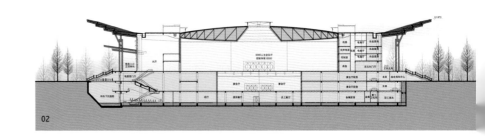

02

03

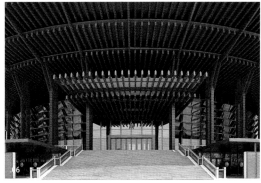

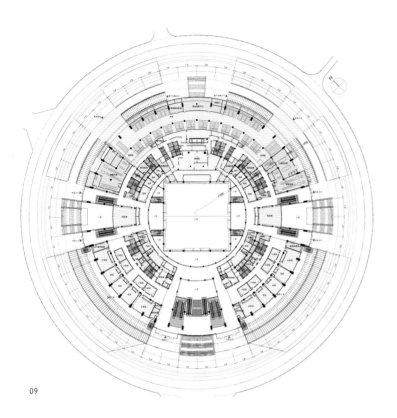

09

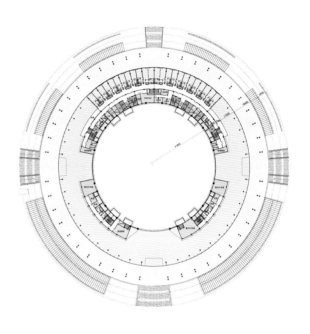

10

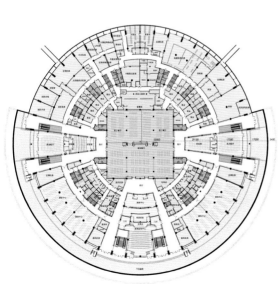

11

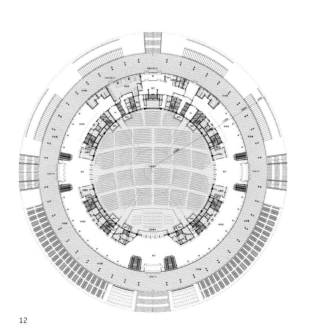

12

援塞内加尔黑人文明博物馆

二等奖 · 博物馆

建设地点 · 塞内加尔达喀尔市
用地面积 · 2.29 hm²
建筑面积 · 1.47 万 m²
建筑高度 · 23.25 m

设计时间 · 2011.10
建成时间 · 2015.10

建筑由两个内接圆柱、圆锥体组成，外轮廓为一个直径88米的圆形，扇形展厅围绕着圆形中庭和室外庭院布置。外形上与援塞内加尔国家剧院形成"一方一圆"的对比效果，也能较好地适应三角形的用地，并呼应老火车站。博物馆在满足展品收藏与技术研究的同时，更多地突出展览功能，相对独立的扇形展厅围绕着中央大厅，便于观众有选择地参观。

建筑造型力图实现巨型文化雕塑的效果。正立面采用了柱廊，柱廊的檐口高度、柱身尺寸、材质以及比例与剧院柱廊一致；厚实的石块体量及建筑入口部的铜饰，中央礼仪大厅的外装饰采用肌理丰富的铜饰、金属百叶和木装修，并采用非洲传统纹样，从首层一直向上延伸到室外。

设计采用较为规整的几何形式平面布局，功能关系清晰，空间展开有序合理，造型稳重，手法统一，工整严谨，整体性较好。外饰面处理有一定的细节设计，精细度和完成度较高。

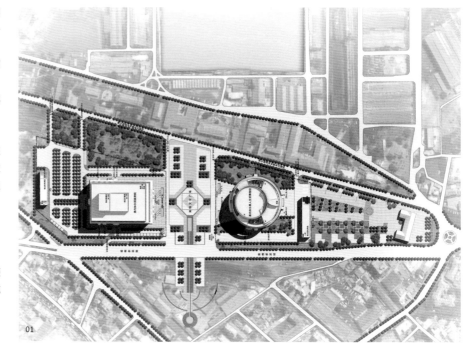

01

设计总负责人 · 金 洁　王晓虹
项 目 经 理 · 潘子凌
建筑 · 金 洁　王晓虹　黄 舟　王鸿超
结构 · 吴珀江　王志刚
设备 · 韩 欢
电气 · 汪云峰　迟 珊
经济 · 蒋夏涛　宋泽霞

02

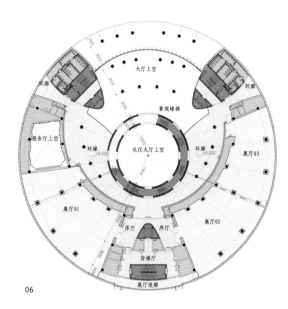

06

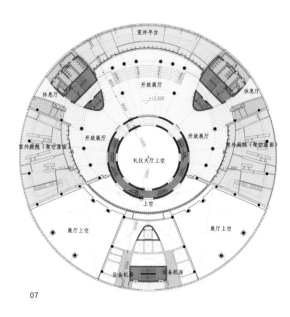

07

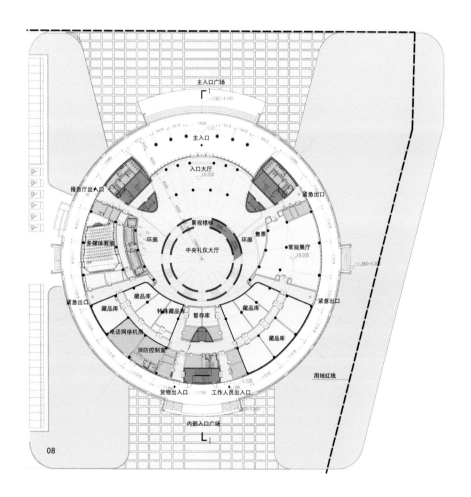

08

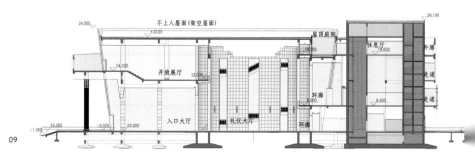

09

北京保利国际广场 1号楼和3号楼

一等奖 ● 商务办公

建设地点 ● 北京市朝阳区
用地面积 ● 2.36 hm²
建筑面积 ● 16.80万 m²
建筑高度 ● 153.00 m

设计时间 ● 2013.06
建成时间 ● 2014.12
合作设计 ● SOM建筑设计事务所

项目位于北京市望京地区东部，东侧紧靠机场高速，共有3栋高层塔楼。地下连通形成整体，地上部分保持一定距离取得开阔的效果；通过整合地下出口等形成连续、起伏错落的绿化景观。各楼可独立出售，每栋楼有独立的机动车进、出坡道。

1号楼源于中国折纸灯笼寓意，采用外露斜网格柱设计，全玻璃外循环双层呼吸幕墙；3号楼造型简洁，全玻璃幕墙配以竖向百叶，与1号楼相呼应。各楼设有中庭，空间适当变化，灯笼的夜景效果尤其引人注目。

项目为高完成度的一体化设计，整体技术难度大，建筑、结构表现力强。平面简洁，空间利用高效而富有变化。外幕墙、内装设计，体现出较高的建筑整合能力和技术创新能力。用地内景观与建筑结合巧妙，环境氛围自然轻松。

设计总负责人 ● 陈淑慧
项 目 经 理 ● 金卫钧
建筑 ● 陈淑慧　杨金红　周新超
结构 ● 盛 平　甄 伟　王 轶　赵 明
设备 ● 王保国　吕紫薇　何晓东　曹 明
电气 ● 庄 钧　张安明　孙 妍　张 争

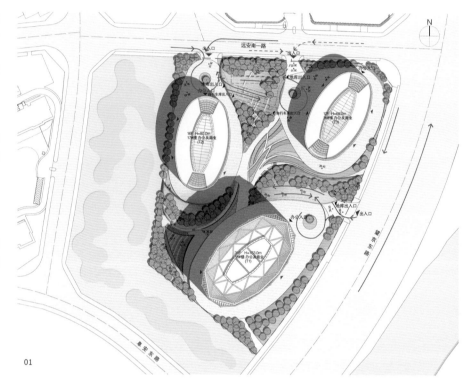

01

02

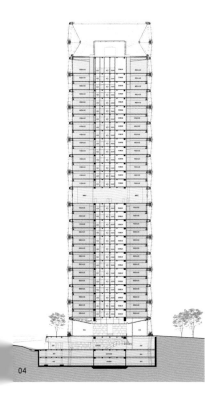

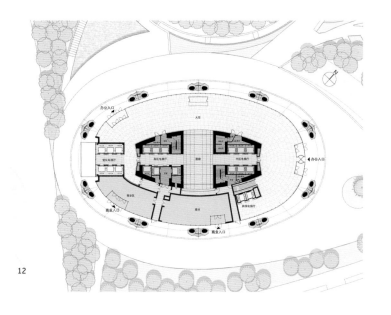

12

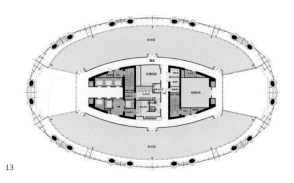

13

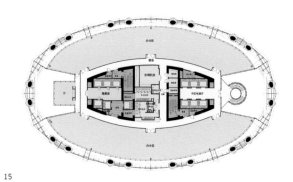

15

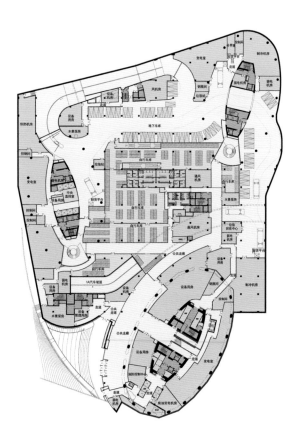

14

16

上海中海油大厦

一等奖 • 商务办公

建设地点 • 上海市虹桥临空经济园区
用地面积 • 4.75 hm²
建筑面积 • 15.82 万 m²

建筑高度 • 40.00 m
设计时间 • 2012.11
建成时间 • 2015.11

项目位于上海市虹桥临空经济园区内，南北对称格局。中央为 9 层高南北向采光的主楼，与南北两侧沿街 6 层副楼形成半围合内院；在对称轴上设置共享中庭。整体地下室连通各楼，首层及二层设置商业、会议等功能，各楼分别设置各类功能出入口。

建筑沿城市道路由高、中、低三个不同的高度层次组成，主楼、副楼均垂直主干道布置，减少对街道的压迫感，同时丰富建筑整体轮廓线；风格庄重、现代、内敛、严整。沿街做局部内凹处理，使建筑界面连续且有进退变化。沿街立面采取实体墙面、带形窗、玻璃幕墙依次交替的组合方式，化解沿街立面的超长连续感。项目贯穿绿色环保理念，满足二星级绿色建筑设计要求。

项目功能关系清晰，布局简洁高效，建筑空间形态完整，手法严整统一。以整合的手法使建筑群体形成较为连续并富有变化的城市形象，并通过下沉广场、室外庭院、室内中庭等使建筑与城市环境保持良好衔接，整体及细节处理均把握得当。

设计总负责人 • 王 戈　陈 曦　张镝鸣
项目经理 • 王 勇
建筑 • 王 戈　陈 曦　张镝鸣　胡静颖
　　　　李 倩　杨 威
结构 • 周 笋　李 培　王 洋
设备 • 徐宏庆　陈 盛　宣 明
电气 • 刘会彬　杨 奕　旷汶涛

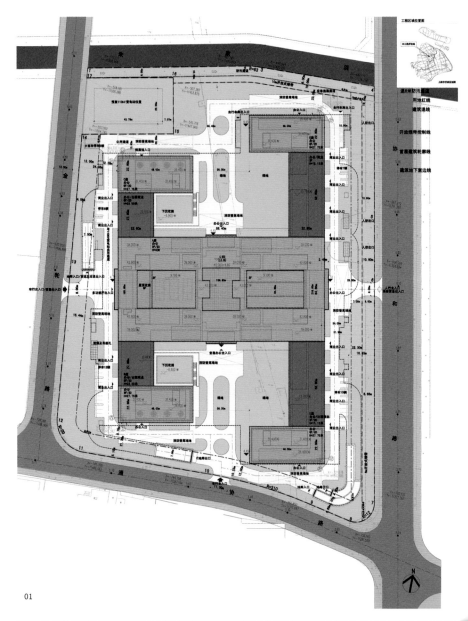

01

02

06

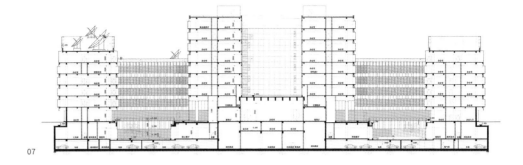

07

08

14

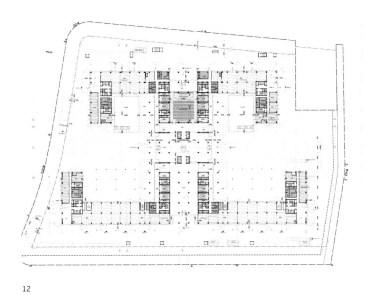

12

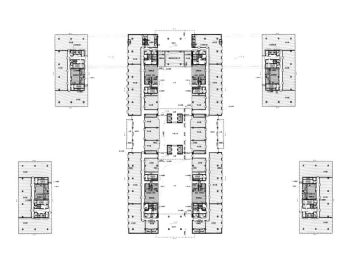

15

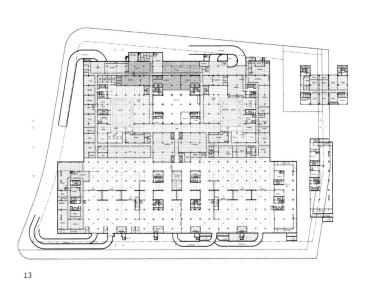

13

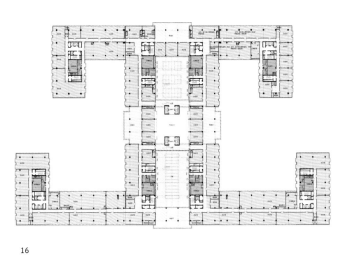

16

北京市政务服务中心

一等奖 • 政府办公

建设地点 • 北京市丰台区　　　　建筑高度 • 99.95 m
用地面积 • 3.52 hm²　　　　　　设计时间 • 2013.09
建筑面积 • 20.83 万 m²　　　　　建成时间 • 2015.06

项目位于北京市六里桥西南角，东、南两侧临近城市干道。主楼呈"L"形布局，转角正对街角，为主楼最高点，两翼向南、西两向逐级退台。高层办公主楼风格简洁务实，层层退台的屋面景观为办公人员提供了良好的环境和使用体验。

对应南侧市民广场设置梭形玻璃大厅，形成服务中心主入口，满足大量人流集散的功能；并引入自然光，使各层政务服务大厅获得共享、通透之感。一至五层的政务服务大厅构成了裙房主体，采用"'岛式'窗口 + 多级后台办公"的组织模式，纳入了"审批 + 会商"的空间组合，为多部门协同处理政务提供可能。

政务服务中心与政府职能及相关运行管理模式密切相关，在前期策划、后期运行阶段都存在一定不确定性，面对持续发展的管理模式需具备一定的适应性和开放性。

项目组对政务服务这一特定功能进行了专题研究，并在实践中得以应用，取得功能关系清晰、处理手法娴熟、技术控制得当的效果。建筑主体形象突出，体现了特定类型建筑的特定风格；细节表现、建造质量把握较好。项目取得绿色建筑三星级标识认证。

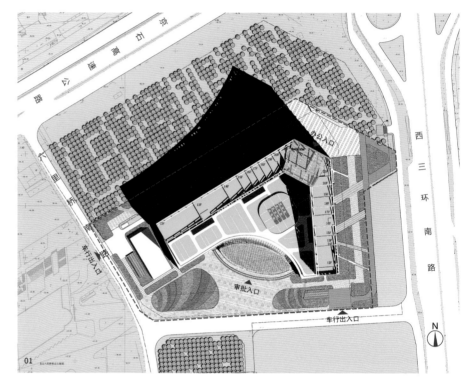

01 总平面及屋顶层平面示意图

设计总负责人 • 李亦农　　孙耀磊
项目经理 • 李亦农
建筑 • 李亦农　　孙耀磊　　刘晓晨　　赵灿　　马梁
结构 • 何鑫　　张俏　　马文丽
设备 • 黄涛　　刘磊
电气 • 王晖　　侯涛
室内 • 顾晶
景观 • 张果
绿建 • 包延慧

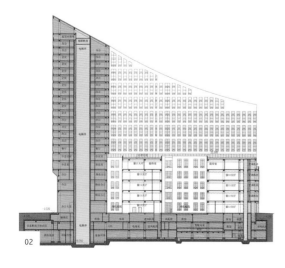

02

03

04

05

06

07

08

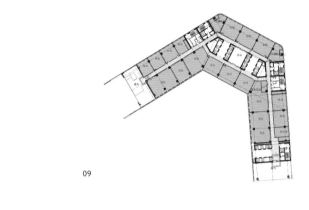

09

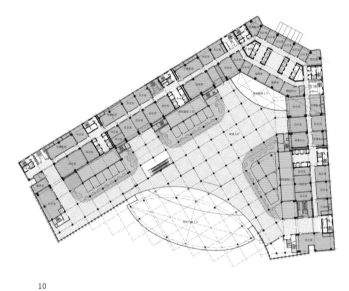

10

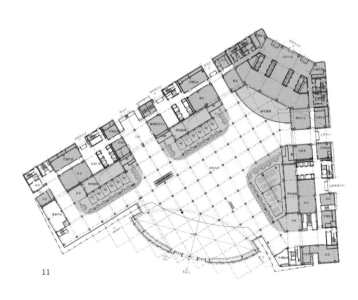

11

援老挝革命党中央办公楼

二等奖 • 政府办公

建设地点 • 老挝万象市
用地面积 • 3.83 hm²
建筑面积 • 2.22万 m²

建筑高度 • 14.60 m
设计时间 • 2014.10
建成时间 • 2015.12

项目位于老挝万象市老挝革命党中央办公区院内，包括一栋办公楼、一栋变电室及礼仪广场、停车场等。作为老挝革命党中央新的办公场所，内设大会堂、300座大会议室、200座大会议室、若干小会议室，接见厅、等候厅及餐厅、办公及设备机房等。

该设计平面规整，布局较简洁紧凑，采用当地建筑语言，具有一定地方特色；大厅等主要空间的室内装修效果较好。在相对有限的条件下，建筑品质得到较为有效的控制，得到当地政府较高评价并被授奖。

设计总负责人 • 马 宁　唐思远
项 目 经 理 • 张予军
建筑 • 马 宁　唐思远　侯 芳　殷 杰
结构 • 肖传昕　李 丛　王荣芳　张爱国　曲 罡
设备 • 孙凤岭　陈 蕾
电气 • 陈 校　师宏刚　张 勇
经济 • 高 峰

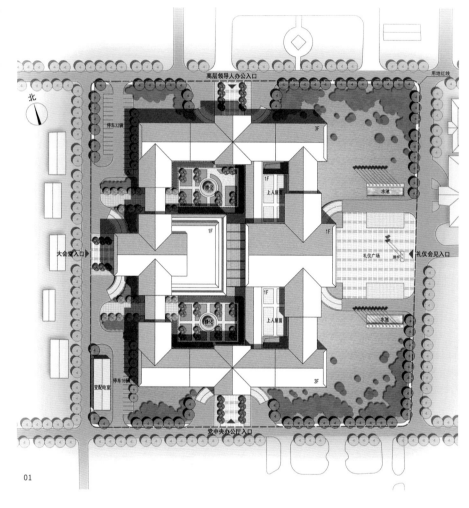

01

02

046

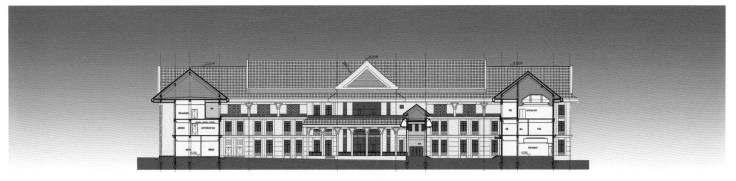

03

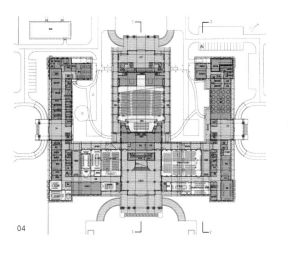

04

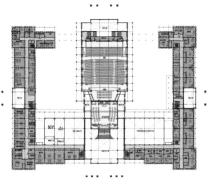

05

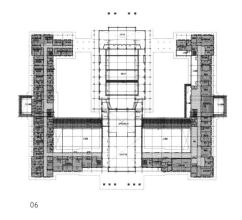

06

07

邯郸金地大厦

二等奖 • 金融办公

建设地点 • 河北省邯郸市
用地面积 • 3.44 hm²
建筑面积 • 17万 m²

建筑高度 • 99.90 m
设计时间 • 2012.10
建成时间 • 2015.09

主体建筑由三栋23层的塔楼组成。A座塔楼是银行，B、C座塔楼是办公楼。各楼裙房功能相对独立，A座裙房为邯郸银行营业厅，地下一层为金库，二至五层为银行业务用房、数据中心。B、C座塔楼裙房功能为会议和办公等。建筑塔楼前后错落布置，形成建筑群体，微微凸出的曲线形竖线条墙面。主楼为浅白色，裙房为黑色，强调简洁明快的整体感、雕塑感。

项目功能关系清晰、布局紧凑；建筑表现手法统一，色彩对比鲜明，整体感强烈。

设计总负责人 • 纪 合
项目经理 • 金卫钧
建筑 • 纪 合　金卫钧　姚建刚　霍立峰　赵迎佳
结构 • 徐福江
设备 • 王保国
电气 • 庄 钧　陈 莹　张 争

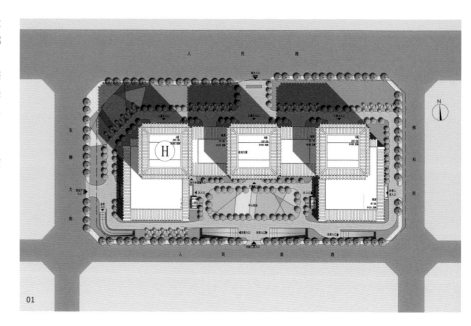

01

02

邯郸银行总行

03

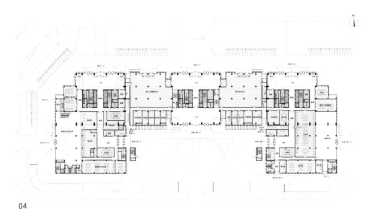

04

05

06

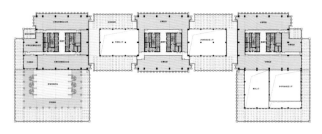

07

08

09

10

11

互联网创新中心

二等奖 • 科研办公

建设地点 • 北京市海淀区
用地面积 • 2.96 hm²
建筑面积 • 9.17万 m²
建筑高度 • 23.90 m

设计时间 • 2014.05
建成时间 • 2015.12
合作设计 • 伍兹贝格建筑设计咨询（北京）有限公司

项目西侧紧邻园区中心绿地，东侧为园区规划路，是园区内最大单体建筑。其地上为研发楼和会议中心。研发楼呈凹字形，占据场地北、东、南三边呈半围合状；会议中心位于西侧。研发楼和会议中心通过地下室及下沉广场相连，形成地上为研发、办公、会议，地下为餐厅、厨房、汽车库的功能分区。

建筑以线性体量为依托，局部错动变形。外立面以玻璃幕墙为主，设有错落的水平金属遮阳铝板，在实现遮阳功能的同时突出线性流动感。交易及会议中心毗邻园区内最大的公共休闲绿地，异形体量凸显其在园区内的标志性地位。运用BIM技术对错动变形的立面设计及全专业的图纸进行精细深化设计，减少设计失误，高效指导施工。

线性展开的半围合建筑体量获得了更多、更完整的对外展示面，自然形成相对私密的内部空间，并与西侧城市公共绿地取得良好关系。建筑形体处理以适度穿插、切削的变化打破单调感，手法简洁明快。功能关系简洁，节点处做适当开放性处理，减少了长走道带来的沉闷感。

设计总负责人 • 查世旭　欧阳露
项目经理 • 赵卫中
建筑 • 查世旭　欧阳露　吴莹　周轩　田浩
结构 • 张燕平　鲍蕾　杨冰　奚琦
设备 • 林坤平　李丹　张雪松
电气 • 申伟　吴威　赵宏

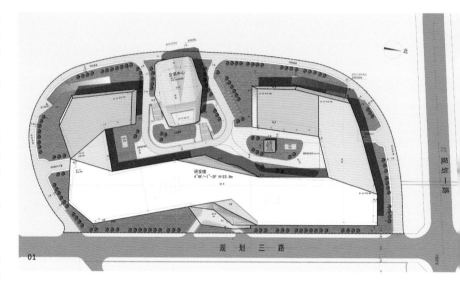

01

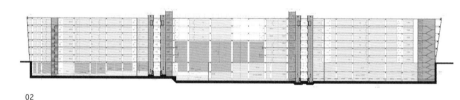

02

03

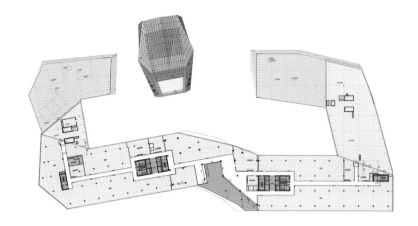

07

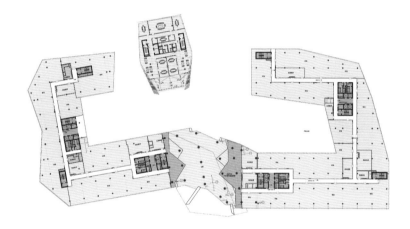

08

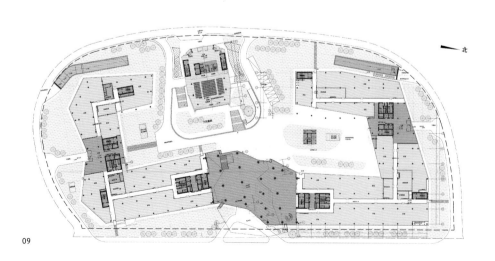

北

09

电子城西区望京研发创新基地一期1号楼

二等奖 • 科研办公

建设地点 • 北京市朝阳区
用地面积 • 1.37 hm²
建筑面积 • 4.71万 m²
建筑高度 • 79.95 m

设计时间 • 2013.11
建成时间 • 2015.03
合作设计 • 美国 GENSLER 事务所

项目处于中心城区与外围新城的交界区域。地下为设备机房、地下汽车库、厨房等，地上分为办公研发楼和辅助裙房两部分。首层为接待、展览、科研管理办公、职工餐厅等，二层为培训、展示区及报告厅等，三至五层为科研办公、实验室等，六至十六层为科研办公。采取全玻璃幕墙围护体系，造型简洁，装修一体化设计，清新明快。

功能布局清晰简洁、紧凑高效。主入口门厅、会议区等公共空间变化适度，控制得当。

设计总负责人 • 林 梅
项目经理 • 党辉军
建筑 • 林 梅　马 丽
结构 • 张若刚　刘 洁
设备 • 李常敏
电气 • 郭 佳

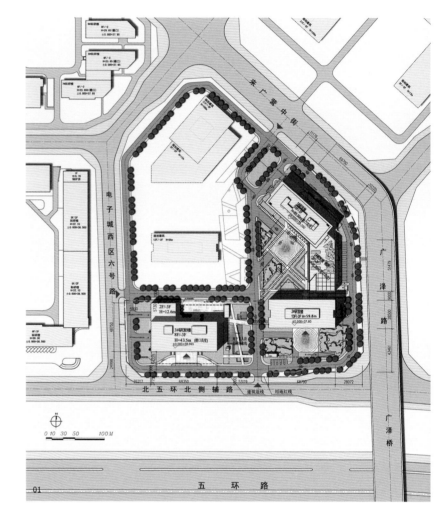

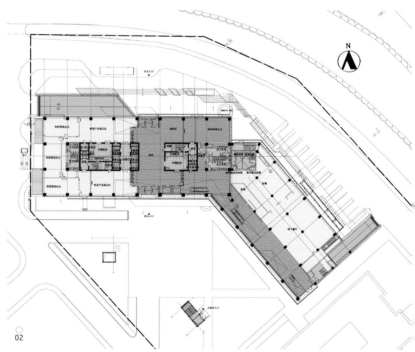

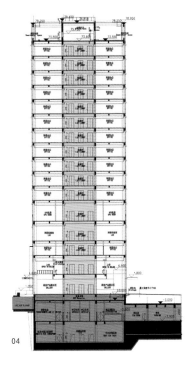

08

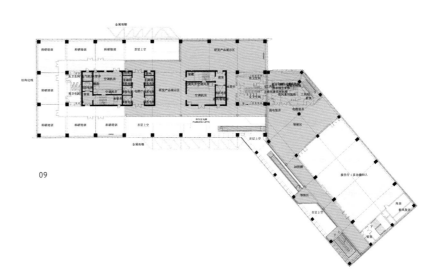

09

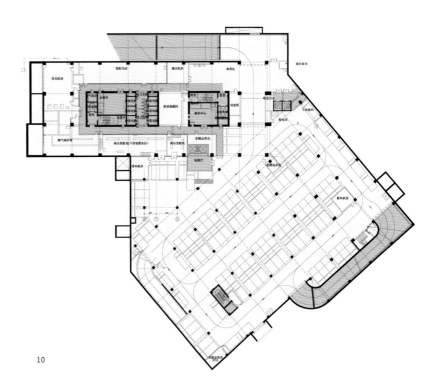

10

三亚太阳湾柏悦酒店

一等奖 • 旅游酒店

建设地点 • 海南省三亚市
建筑面积 • 6.67万㎡
建筑高度 • 37.80m
设计时间 • 2009.12

建成时间 • 2014.12
合作设计 • 丹尼森国际建筑和规划公司

项目位于三亚市太阳湾度假区南端，用地三面环山，东边面向大海，自然条件优越。建筑造型以漂浮于海面之上的白色玉石作为概念原型，追求自然与人工、丰富与简洁、质朴与精致的对立与统一。

项目为超五星级度假酒店，由6栋主楼及裙房组成，客房数218套，合自然间222间。酒店主入口开向面山方向。地下四层为客房、餐饮、厨房和后勤用房，地下三层为客房、图书馆、精品店和后勤办公，地下二层为客房、设备用房和车库，地下一层为客房、行政办公和会议用房，首层设主入口、艺术展廊和客房，二至八层为客房。

建筑外观简约现代，充分利用地形高差和优质的自然环境，创造了丰富的室内外空间。客房区利用场地高差，采用平面退让和单侧布置外廊手法，保证客房皆有海景可观。客梯和服务电梯分别位于客房的两端，逻辑清晰合理，流线高效。"U"形透光玻璃的设计尝试，创造出独具特色的夜晚效果。

设计总负责人 • 杜松　王宇石
项目经理 • 杜松
建筑 • 杜松　王宇石　倪琛　于东亮
结构 • 周恬　秦锦红　范传新
设备 • 段钧　周小虹
电气 • 王权　吴飞

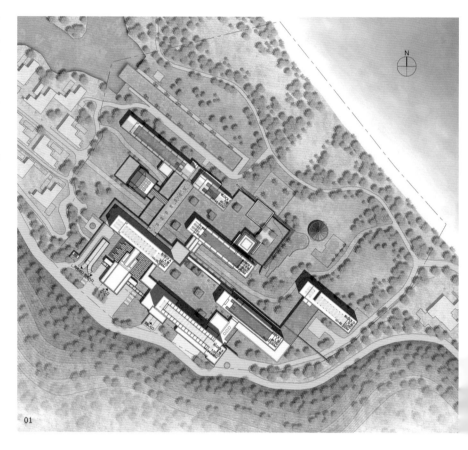

01

02

03

04

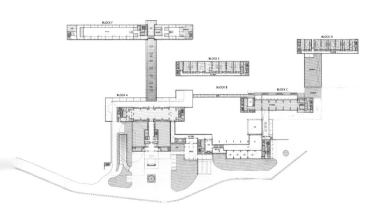

05

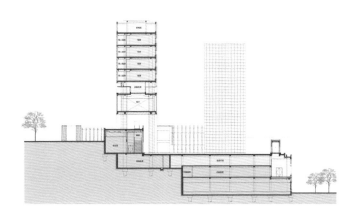

06

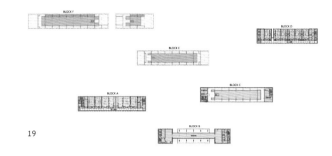

19

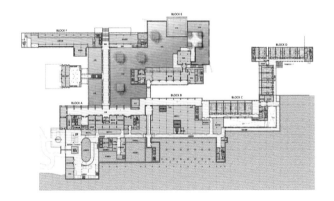

17

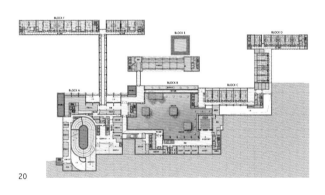

20

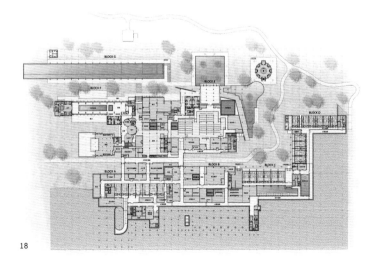

18

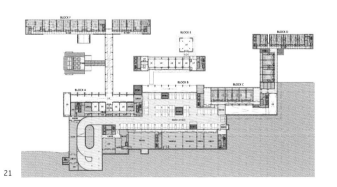

21

博鳌亚洲论坛永久会址二期

一等奖 • 旅游酒店

建设地点 • 海南省琼海市
用地面积 • 11.99 hm²
建筑面积 • 6.28 万 m²

建筑高度 • 20.70 m
设计时间 • 2014.07
建成时间 • 2015.09

项目位于琼海市博鳌镇东屿岛，博鳌亚洲论坛永久会址南侧，为休闲度假型酒店，总客房数 350 间。南北轴形成论坛酒店一期和新建二期南北向的空间序列，东西轴是主要景观轴线。

设计利用场地高差，将酒店主入口设在二层，开向面山方向。西侧面向道路，设置建筑入口空间、宴会空间、走廊空间等公共性功能；东侧面向大海，布置客房、茶室等。首层设客房、宴会厅、餐饮、厨房、健身中心、后勤和设备用房；二层为大堂、客房、餐厅和办公；三至五层为客房。办公楼地下一层为车库。客房采用 6 米开间，客房起居空间和卫生间均贴临外窗。

建筑造型简约现代。总体布局采用半围合的院落布局，公共空间采用全开放式设计，单侧外廊客房区保证了客房的私密性和景观视野，响应了当地的气候特点。运用传统的造园手法将建筑室内空间与室外景观有机结合，利用自然景观资源营造环境氛围，建筑微环境、细节把握较为细腻。

设计总负责人 • 唐 佳

项目经理 • 杜 松

建筑 • 杜 松　唐 佳　魏 长　白文娟
　　　 厉 娜　张昕然

结构 • 徐福江　盛 平　赵博尧

设备 • 段 钧　周小红　张志强

电气 • 刘 倩　张 争　郝晨思

01

02

03

04

05

06

07

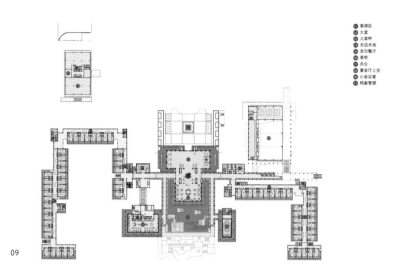

09

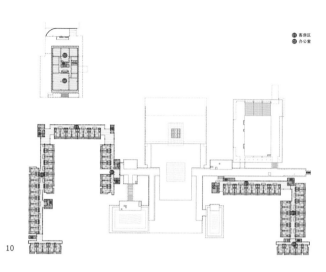

10

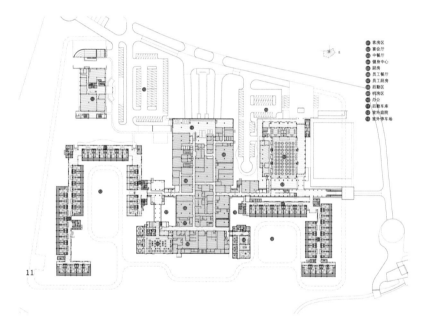

11

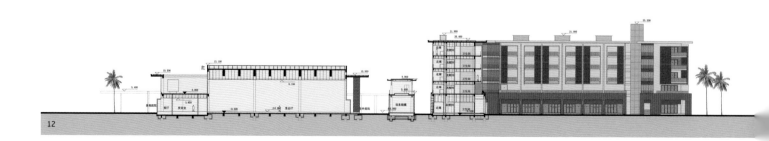

12

卫生部心血管病防治研究中心及阜外心血管病医院扩建

一等奖 • 医疗

建设地点 • 北京市西城区
用地面积 • 5.96 hm²
建筑面积 • 8.81 万 m²
建筑高度 • 59.89 m

设计时间 • 2009.04
建成时间 • 2015.08
合作设计 • 美国 ZGF 建筑设计公司

项目位于北京市北礼士路中国医学科学院阜外医院院区内，包括医院门诊、急诊、医技、手术、病房及部分后勤保障用房，形成相对外向的医疗空间。新建综合楼门诊、急诊、病房楼的主入口均沿街设置，体现出建筑使用功能开放性、公共性的特征，同时也便于分散人流。门诊入口设置最南侧，病房楼位置居中，急诊入口位于最北侧。

地下三层为车库，地下二层为车库和设备用房，地下一层为中心药房和放射科，首层设门诊、急诊和住院部门厅，二层、三层为诊室、介入导管室和病房，四层为手术区和病房区，五层设医疗教学区和病房区，六至十四层为病房区。裙房各层设南北向的走道，为患者、医护和供应提供各自专用的交通流线。高层病房楼采用塔式布局，75% 以上的病房具有良好朝向。

建筑功能布局流线设计合理，彰显专业性。各主要出入口位置明显、易达，可以起到快速分散人流的作用，同时也使各医护区域尽量享有好的朝向和日照。门诊、急诊、病房各层公共空间被整合为共享大厅，利于多个功能区域之间有机联系，形成良好的医疗空间秩序，对室内空间环境的改善起到积极作用。在有限的设计条件下，采取多种设计策略，赢得自然采光通风，有效改善了诊室区域采光通风和卫生条件。

设计总负责人 • 南在国　张兰　杨海宇　万钧
项目经理 • 南在国
建筑 • 南在国　杨海宇　张兰　万钧　沈幼菁
　　　李梦雷　唐艳春　史薇　杨晓亮　杨阳
结构 • 冯阳
设备 • 徐芬　杨国斌
电气 • 罗继军
经济 • 高峰

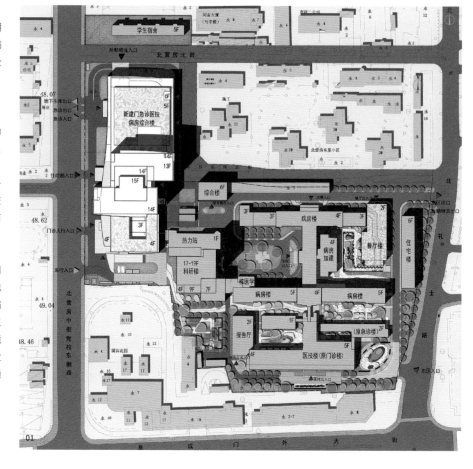

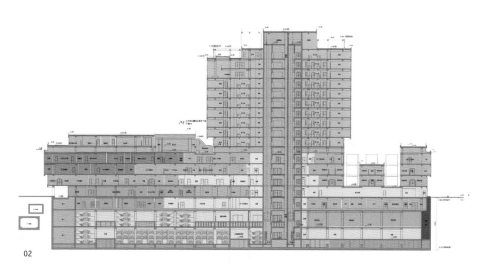

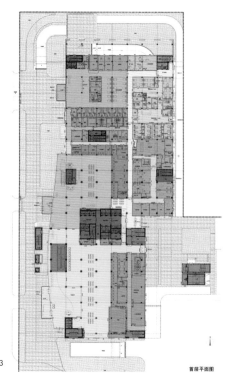

02

03

首层平面图

04

05

06

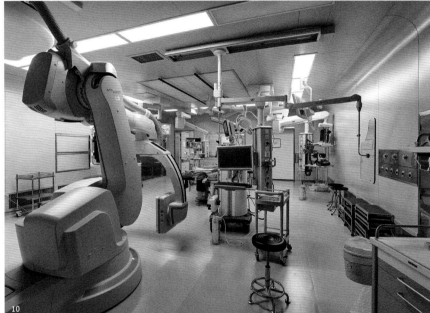

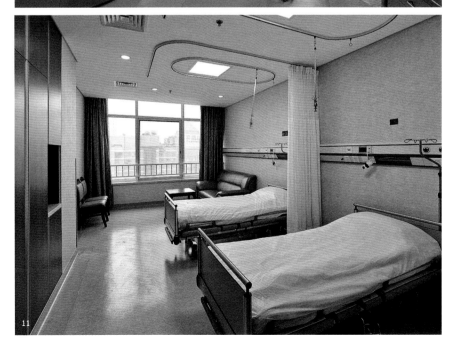

13

14

15

16

17

18

中海油能源技术开发研究院

一等奖 ● 研发中心	建设地点 ● 北京市昌平区	建筑高度 ● 55.20 m
专项奖 ● 绿建设计	用地面积 ● 9.64 hm²	设计时间 ● 2013.02
	建筑面积 ● 20.17 万 m²	建成时间 ● 2015.06

项目建筑造型来源于海上钻井平台元素，由研发主楼、大空间实验室、职工餐厅、地下停车场和机电设备用房等组成。研发主楼围合出十字形景观轴。建筑单体平面呈"L"形，核心筒偏置，形成连续大进深空间。实验和科研办公部分采用垂直分区的组织形式，建筑六层以上设置通高中庭。主楼通过位于六层的空中连桥连通。外立面中利用穿孔铝板材料，进行建筑遮阳一体化设计，在塑造建筑形象的同时有效地改善了研发办公室内环境。

建筑通过立体布局，集约功能、节约土地。在地下室较大范围内引入自然光。屋面设置太阳能集热器、屋顶绿化。室外景观照明无直射光射入天空。通过屋顶绿化、大面积室外绿化等措施降低热岛效应。屋面雨水通过排放收集系统进行收集、处理。场地内雨水排放以自然渗水为主。项目获 LEED 金级认证，主楼分别获绿色建筑设计标识三星级、二星级认证。

建筑功能布局设计合理，交通流线组织清晰明确，外立面具有研发建筑的特色。平面设计将实验区核心筒偏置，使实验室大空间成为可能，可以最大限度满足研发空间使用的灵活性。结合场地实际情况，采用了一系列较为常规而成熟的绿色建筑技术，如集成应用节能技术、节水技术、节材技术和可再生能源利用技术等，达到节能设计目标。

设计总负责人 ● 叶依谦　薛 军
项目经理 ● 叶依谦
建筑 ● 叶依谦　薛 军　高 冉　于 洋　周 云
结构 ● 徐 斌　孙 磊
设备 ● 薛沙舟　陈 莉　林坤平
电气 ● 骆 平　刘 洁　李 超　张松华
经济 ● 高 峰

总平面图

0　10　20　　　　50m

01

02

06

07

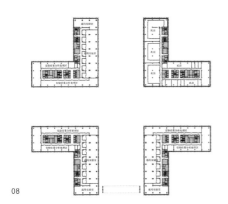

08

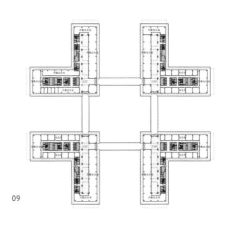

09

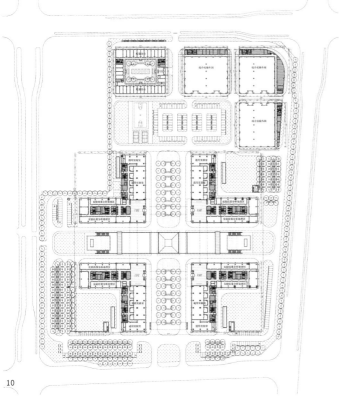

10

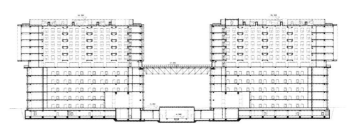

11

对页　05　主楼北侧透视

本页　06　主楼南侧透视

　　　07　地下室自然采光通风

　　　08　三层平面图

　　　09　六层平面图

　　　10　首层平面图

　　　11　剖面图

功能组成分析图

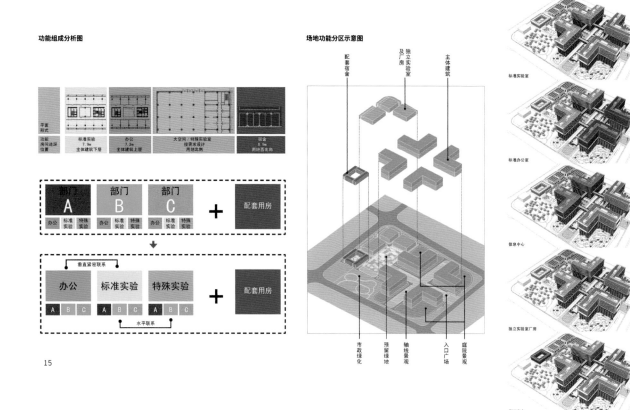

15

场地功能分区示意图

配套宿舍

独立实验室及厂房

主体建筑

平面形式

功能房间进深位置

标准实验
7.9m
主体建筑下层

办公
7.9m
主体建筑上层

大空间 / 特殊实验室
接课题需求设计
用地北侧

宿舍
9.9m
用地西北角

部门 A
办公 标准实验 特殊实验

部门 B
办公 标准实验 特殊实验

部门 C
办公 标准实验 特殊实验

＋ 配套用房

垂直紧密联系

办公
A B C

标准实验
A B C

特殊实验
A B C

＋ 配套用房

水平联系

市政绿化　预留绿地　轴线景观　入口广场　庭院景观

标准实验室

标准办公室

信息中心

独立实验室厂房

侧面宿舍

风环境模拟分析

1. 夏季室外风环境效果分析

1) 本项目室外人员活动区域风速小于 4.0m/s，大部分风速控制在 0.5 ～ 3.5m/s 之间，满足国家《绿色建筑评价标准》GB/T 50378-2006 的要求，适宜人员室外活动。

2) 建筑周边有较小区域出现风力放大现象，最大风力放大系数为 1.67（小于 2），符合《绿色建筑评价标准》GB/T 50378-2006 的要求；

3) 项目存在局部风速较大的区域（如右图中的红圈所示），约 3.5m/s，该区域范围不大且风速小于 5m/s，因此不影响室外人员活动；

4) 项目场地范围易形成几处涡流区（如右图黑圈所示），建议该区域附近种植一些具有空气净化能力的植物，以提高其室外热舒适性和空气质量；

5) 几个涡流区内避免设置垃圾站等污染源，以防止污染物在该区域内的聚集。

6) 总体上，夏季时的场地风环境满足《绿色建筑评价标准》GB/T50378-2006 的要求，可为户外行人带来良好舒适的感觉。

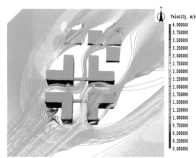

夏季场地西南风流线图

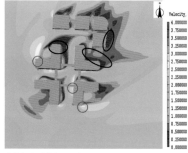

场地人员活动高度 1.5m 处风速云图

2. 冬季室外风环境效果分析

1) 在冬季，本项目室外人员活动区域风速小于 4.0m/s，风速基本控制在 0.5 ～ 4.0m/s 之间，满足国家《绿色建筑评价标准》GB/T 50378-2006 建筑周边人行高度风速小于 5m/s 的标准要求。

2) 项目场地范围内存在几个涡流区（如右图黑圈所示），涡流区内风速过低，不利于空气的流动和扩散，空气质量较差，建议该区域附近种植一些冬季绿叶植物，以加强空气净化能力，提高空气质量，同时应注意不要在涡流区域内设置垃圾站等污染源。

3) 项目存在局部风速较大的区域（如右图中的红圈所示），约 4.0m/s，该区域范围不大且风速小于 5m/s，因此不影响室外人员活动；建议在此处迎风侧种植一些高大乔木，以减小局部风速过大的问题。

4) 在冬季，建筑前后压差较大，需加强外墙体保温性能及门窗的严密性，以减少冷风渗透量、降低建筑采暖能耗。

16

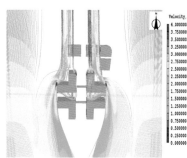

冬季场地北风流线图

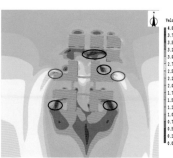

场地人员活动高度 1.5m 处风速云图

建筑室内自然通风潜力分析

建筑物前后的风压差大小是建筑室内自然通风的先决条件。一般来说，压差越大对室内通风越有利，但如果建筑前后压差小，通过合理的室内布局与户型开窗方式合理设计也会使室内有较好的通风效果。

在夏季，利用建筑物前后合适的压差而形成的室内自然通风，可以帮助扩散室内的热量，改善室内人员的热舒适性。因为冬季不存在建筑室外自然通风利用问题，所以本研究报告只对夏季主导风进行分析和研究。

1. 夏季主导风向工况模拟结果

1）本项目夏季背风面压差较大，在 4~8Pa 之间，具有形成良好室内自然通风的先决条件。

2）夏季要想要形成良好的室内自然通风除了要加大外窗的可开启面积之外还要注意房间格局和开门、窗形式，通过合理的室内布局优化室内自然通风。

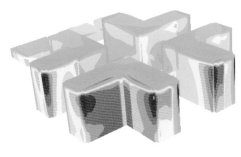

建筑迎风面表面压力分布图

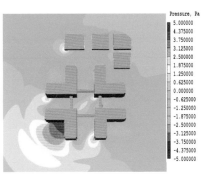

标高 1.5m 处压力分布俯视图

17

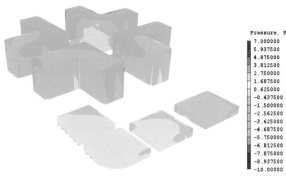

建筑背风面表面压力分布图

建筑室内自然采光潜力分析

1. 第四层室内自然采光分析

1# 楼第四层室内主要功能空间其平均采光系数为 4.66%，完全满足《绿色建筑评价标准》GB/T50378-2006 及《建筑采光设计标准》GB 50033-2013 对办公建筑室内采光的要求。

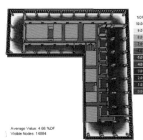

第四层室内采光模拟结果

2. 第八层室内自然采光分析

1# 楼第八层室内主要功能空间其平均采光系数为 3.84%，完全满足《绿色建筑评价标准》GB/T50378-2006 及《建筑采光设计标准》GB 50033-2013 对办公建筑室内采光的要求。

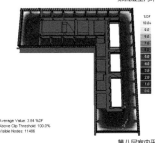

第八层室内采光模拟结果

3. 地下一层室内自然采光分析

地下一层由于下沉庭院的设置，地下室内自然采光效果得到明显改善，其平均采光系数为 2.11%，其中 15.98% 的计算区域采光系数超过了 0.5%。由此可见下沉庭院的设置明显改善了地下室内的自然采光效果，满足《绿色建筑评价标准》GB/T50378-2006 第 5.5.15 条"采用合理措施改善室内或地下空间的自然采光效果"的规定。

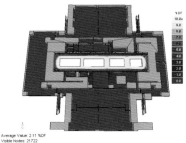

地下一层室内采光模拟结果

18

国网智能电网研究院

一等奖 ● 研发中心

建设地点 ● 北京市昌平区
用地面积 ● 31.50 hm²
建筑面积 ● 26.65万 m²
建筑高度 ● 45.00 m

设计时间 ● 2011.09
建成时间 ● 2014.11
合作设计 ● 中铁工程设计院有限公司

项目依南北主轴线，由南至北依次为行政办公、科研办公和单元式试验室，宿舍用房布置在基地西北侧的上风向。北侧实验室部分与科技实验楼紧密联系，采用单元式模块设计，不同单元之间可分可合，空间组合自由灵活，满足远期改扩建的使用要求。行政和科研办公楼采用小进深、双面采光、板式建筑布局，围绕室内共享中庭布置各类功能用房。外墙采用玻璃幕墙设计，大开间办公玻璃窗通透开放，为室内提供充足的自然光线和良好的自然通风。

建筑整体布局合理紧凑，功能关系清晰简洁，不同功能属性的建筑个体特点鲜明。设计手法娴熟，群体关系明确；在整体控制、细节深化各方面均有良好表现，体现出较为成熟、系统的设计方法和技术积累。

设计总负责人 ● 田 心 李 玲
项目经理 ● 田 心
建筑 ● 田 心 李 玲 吴林林 侯冬临 林 红
　　　荣 澈 高 丹 张 燕 王 丹 闫淑信

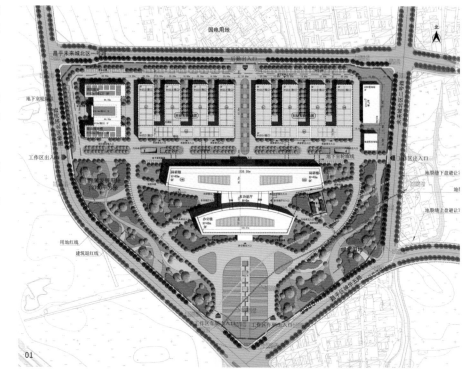

01

国网智能电网研究院

02

03

04

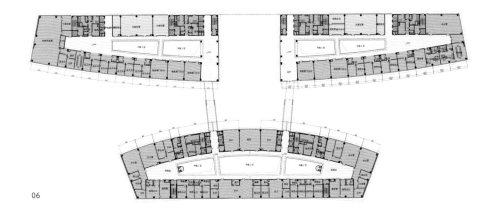

06

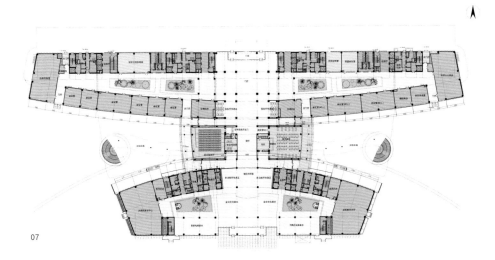

07

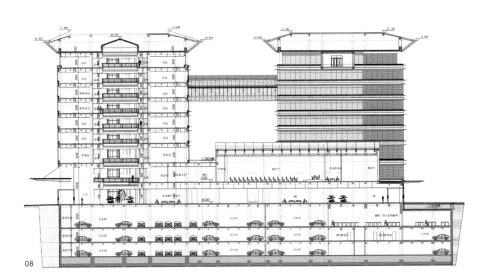

08

11

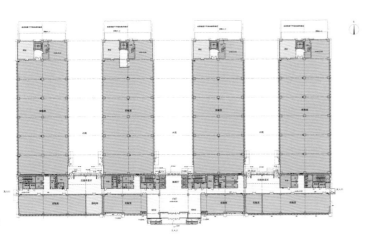

12

13

北京 161 中学回龙观学校

一等奖 • 中小学

建设地点 • 北京市昌平区　　建筑高度 • 21.80 m
用地面积 • 4.51 hm²　　设计时间 • 2012.03
建筑面积 • 5.31 万 m²　　建成时间 • 2015.07

学校为 48 班完全中学，分为高中部和初中部。地上建筑由高中部教学楼、初中部教学楼、体育馆组成，地下部分由游泳馆、阅览室、音乐舞蹈教室、餐厅、自行车库及社团用房等构成。教学楼平面呈"L"形，南北向为普通教室，东向为各类专业教室，西向为教师办公和卫生间等辅助用房。高中部和初中部分别使用东侧和南侧的入口，西北侧设后勤入口。地下车库入口位于教学楼北侧，机动车可使用东侧和西侧的校园出入口。

建筑平面使用了功能单元组团的标准化处理。教学单元形成有韵律的几何体块，穿插组合形成建筑简洁的体型。外墙采用灰白色和明快的橙黄色，使得校园气息活跃。结合校园中央庭院，设计下沉露天剧场、庭院、廊道，形成立体的室外景观环境和通透且具有互动性的开放空间系统。

设计总负责人 • 石 华
项目经理 • 王 珂
建筑 • 石 华　褚奕爽　王英童　王 璐　杨 帆
结构 • 谢晓栋　任 艳　韩起勋　张连河
设备 • 胡亚鑫
电气 • 张 力　向 怡

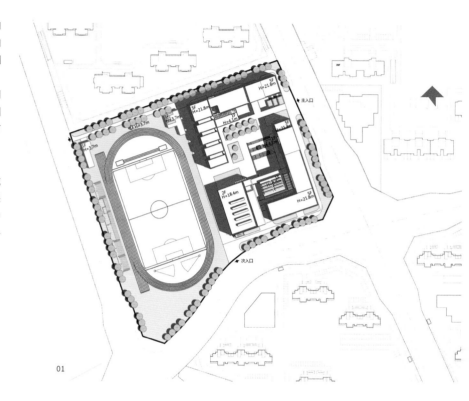

01

02

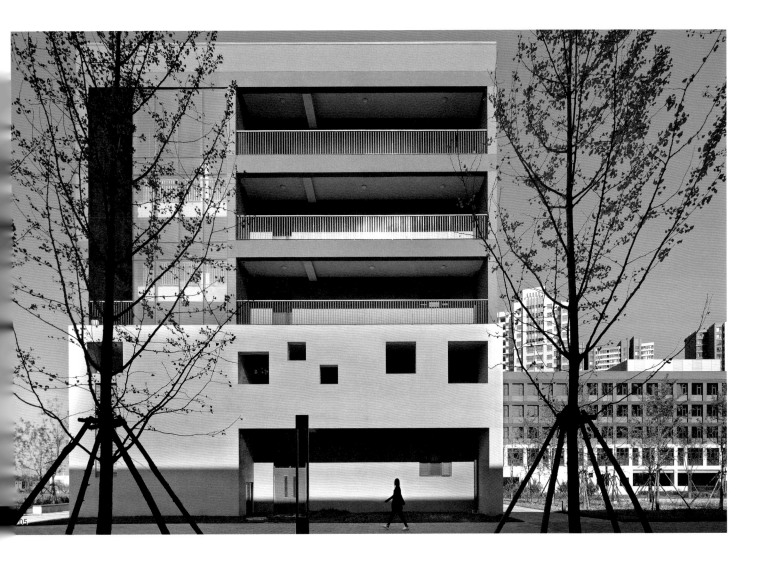

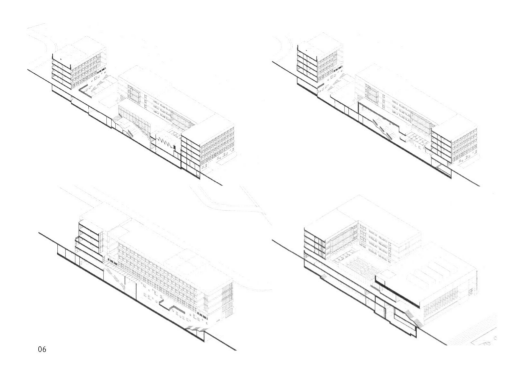

06

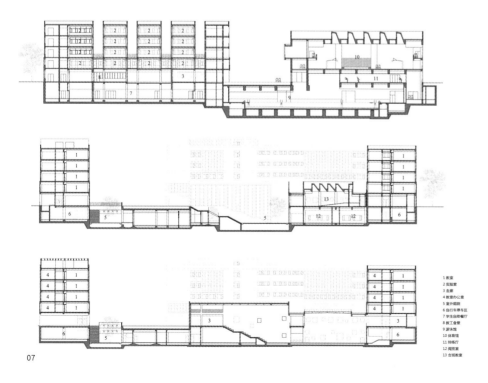

07

1 教室
2 实验室
3 走廊
4 教室办公室
5 室外楼梯
6 自行车停车区
7 学生自助餐厅
8 教工食堂
9 游泳馆
10 体育馆
11 排练厅
12 阅览室
13 合班教室

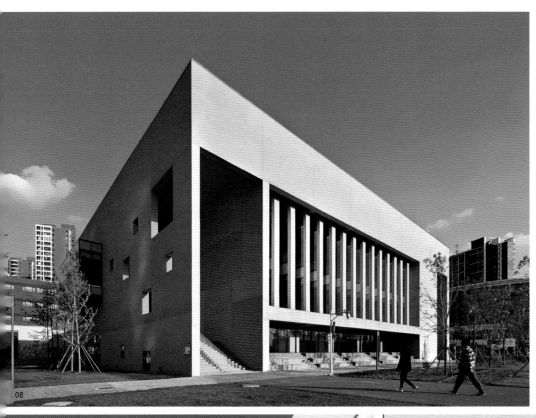

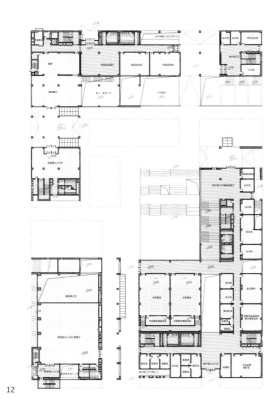

12

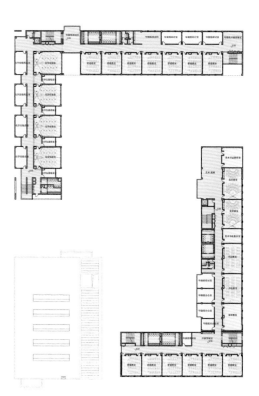

13

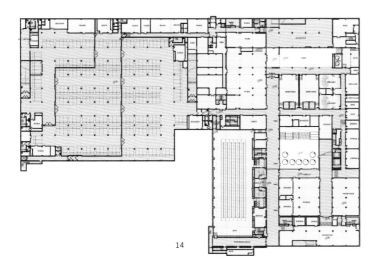

14

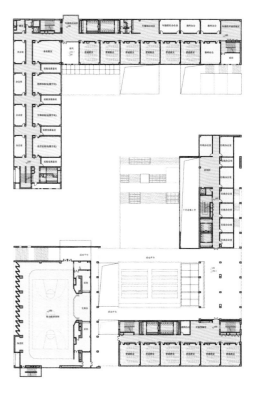

15

东北大学生命科学大楼

二等奖 ● 高等院校

建设地点 ● 辽宁省沈阳市
建筑面积 ● 3.08 万 m²
建筑高度 ● 24.00 m

设计时间 ● 2012.11
建成时间 ● 2014.12

项目位于沈阳市东北大学浑南校区内图书馆东南侧，紧临校园南北轴线，地处校区核心位置。因浑南校区整体规划已确定，单体由多位建筑师分别设计，故本项目要遵循新校区的整体规划，与其他学院楼及图书馆相协调，体现自身特色，做到"和而不同"。

总平面格局为"庭院式"，在方形的外轮廓中布置两个大型的内庭院，东北侧为独立防辐射、防腐蚀实验楼，各层房间环绕内庭院布置。建筑主入口位于南侧，首层北侧入口设计为半开敞的建筑前广场空间，形成建筑与校区共融的空间环境形象。首层共设 8 个门厅，结合入口门厅设置垂直交通。首层除门厅，还设有教学实验用房、教师办公、两个阶梯教室；二层设普通教室、实验用房、教师办公、微机室、教工活动室等；三层为普通教室、实验用房、校长办公等用房；四至六层均为教室、实验室、研究生研究室等教学用房。

项目外观简洁，设计手法统一，与环境协调。造型高低错落变化，在建筑内庭院穿插小体块。采用"庭院式"的平面布局，各层房间环绕内庭院布置，使所有房间均具有良好的自然通风和采光条件。各部分以内庭院相互贯通，既彼此独立又联系紧密；庭院、大厅、休息空间形成了不同空间尺度的交流场所。

设计总负责人 ● 朱小地　　杨　勇
项目经理 ● 杨　勇
建筑 ● 朱小地　　杨　勇　　张　涛　　李　雪
　　　　张国超　　杨增佳　　王　飞
结构 ● 龙亦兵　　梁丛中　　曲　罡
设备 ● 沈　铮　　徐婷婷
电气 ● 师宏刚　　张　勇
经济 ● 张广宇

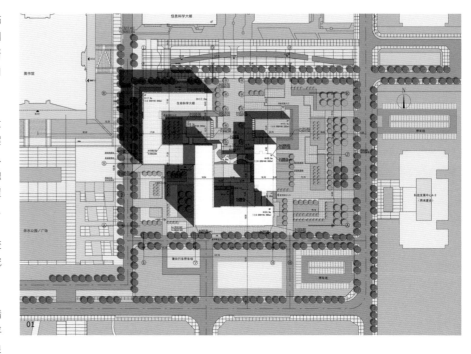

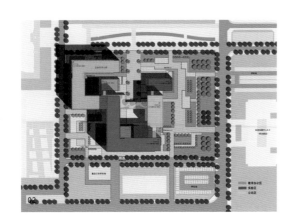

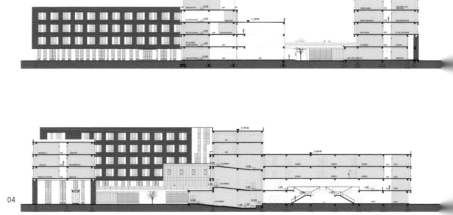

10

11

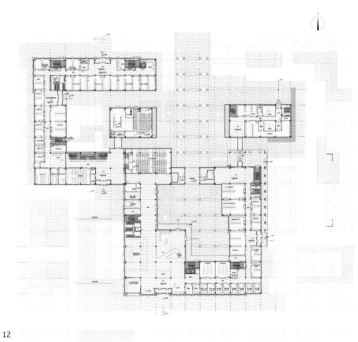

12

13

14

15

16

17

援科特迪瓦阿尼亚玛学校

二等奖 ● 高等院校

建设地点 ● 科特迪瓦阿尼亚玛市
用地面积 ● 1.60 hm²
建筑面积 ● 0.50 万 m²

建筑高度 ● 12.90 m
设计时间 ● 2013.10
建成时间 ● 2015.07

科特迪瓦位于非洲西部沿海。项目在原学校基础上改扩建而成，由教学楼（维修）、门卫室（维修）、教学楼（新建）和多功能厅（新建）组成。总平面顺应场地西高东低的地形，新老校舍交接处首层局部架空处理，主要教学用房沿东西向狭长地带布置，同时通过绿化台地的设计创造了一条景观轴线；主体建筑东端自然产生局部架空。造型设计强调水平线条；色彩设计整体运用白色的挑檐、挑台等水平形体要素，将不同的建筑体块串联。教师办公楼阳台的隔墙部分粉刷成绿色的涂料，加之场地内外绿色景观的衬托，校园呈橙、白、绿"三色"搭配。大挑檐、镂空花格砖、外廊及室外内廊的设计适应当地气候。

总平面及功能布局合理，景观轴及顺应地形的设计丰富了整个校园的空间层次。室内外空间及外饰面等材质、色彩设计适合当地气候，造型清新活泼。

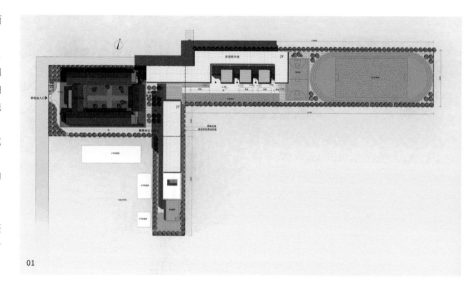

01

设计总负责人 ● 徐 游　王伦天

项目经理 ● 张子军

建筑 ● 王伦天　刘晓楠　刘 刚　徐 游　郭娜静

结构 ● 梁丛中　章 伟　肖传昕　张子军

设备 ● 沈 铮　徐婷婷

电气 ● 陈 校　晏建成

经济 ● 张广宇　宋泽霞

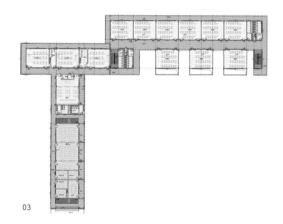

03

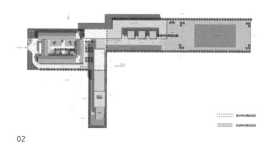

02

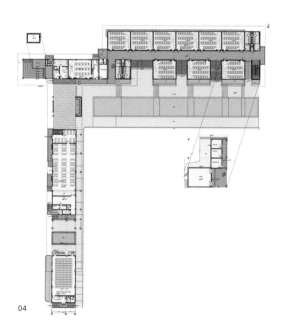

04

05

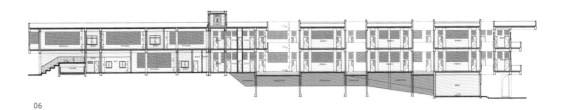

06

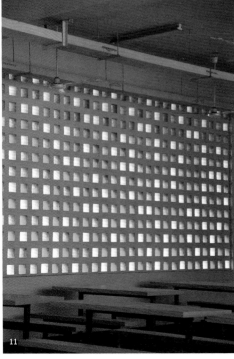

天津大学新校区南区
生活组团

二等奖 • 高等院校　　建设地点 • 天津市海河教育园区　　建筑高度 • 20.95 m
用地面积 • 3.12 hm²　　设计时间 • 2015.07
建筑面积 • 4.45万 m²　　建成时间 • 2015.08

项目位于天津大学新校区南侧，包含宿舍区及食堂两部分。宿舍区沿用地周边布置四栋"C"形公寓，为两栋本科生公寓和两栋研究生公寓，公寓每间四人或两人；集中绿地设在用地中央。用地设四个方向出入口；入口道路采用自行车和步行两套道路系统，自行车不进入中央绿地及公寓范围。食堂位于地块南部，主入口与宿舍区入口呼应设置。交通、辅助及活动空间布置于建筑转角和端部，首层设管理室、等候区、自习室、咖啡厅等。食堂就餐区及厨房区南北分置。景观绿化分为入口绿化、中心集中绿化和院落内绿化三部分。

建筑风格简洁明快。宿舍平面布局合理利用建筑转角部位设置辅助交通空间。首层等候区、自习室、咖啡厅等公共空间的设置，改善了宿舍条件，为学生提供便利，是人性化设计的体现。食堂外观区别于周围宿舍建筑，成为区域的视觉焦点。

设计总负责人 • 姜 维　刘 越
项目经理 • 宗澍坤
建筑 • 姜 维　刘 越　抗 莉　张明涛
　　　杜春枝　郭鹏伟
结构 • 卫 东　位立强　单瑞增　李 芊
设备 • 柯加林　王雪飞　张 喆
电气 • 迟 珊　王子若

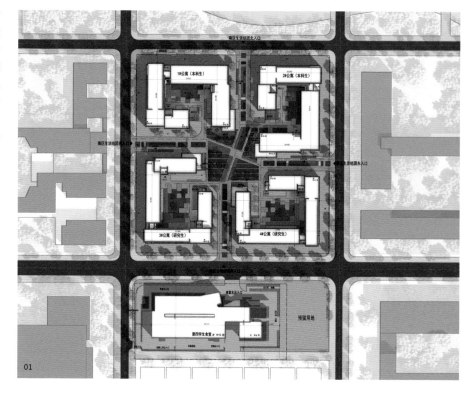

01

02

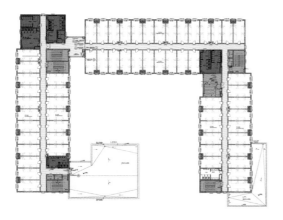

08

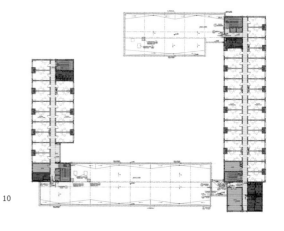

10

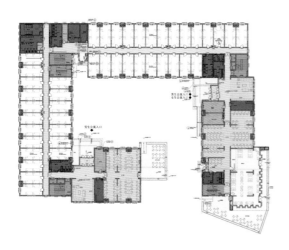

09

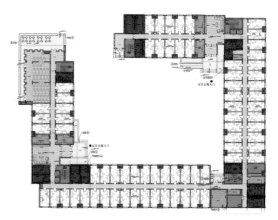

11

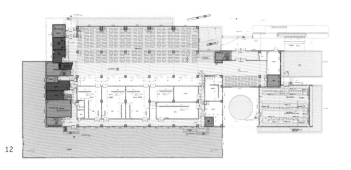

12

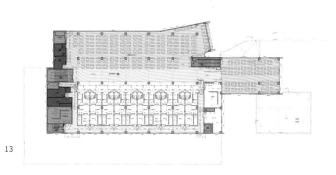

13

14

15

16

内蒙古农业大学生命科学实验楼

二等奖 • 高等院校

建设地点 • 内蒙古自治区呼和浩特市
建筑面积 • 7.31万 m²
建筑高度 • 50.40 m

设计时间 • 2009.06
建成时间 • 2013.11

项目面向校园主要入口，与图书馆和会堂共同围合出校园广场，是东校区的核心标志性建筑。外观采用严格对称形式，方正的体型稳重坚实。建筑分为南、北两部分。南侧主楼12层，为生命科学楼；北侧附楼4层。主楼、附楼之间设置连桥连接。平面采用模块化设计，便于各部门的划分和独立管理。各模块之间设置联系交通、卫生间、设备用房等服务空间，力求实验功能灵活性最大化。地下为车库及设备用房。一至四层为本科教学平台所属的实验室，五至十二层为各学院的科研实验用房。

立面满足作为校区主入口广场上核心建筑的形象特征要求。南北两侧采用不同的设计手法实现不同的效果。平面采用单元组团标准化处理，可平衡多方需求，保证建筑的整体性。所有的附属用房均设置在主要使用空间旁侧，使用空间干净利落。

设计总负责人 • 刘淼
项目经理 • 丁明达
建筑 • 刘淼　丁明达　吴瀚　陈尔姜
　　　 周瑞平　赵程
结构 • 于东晖　李慧林　杨玥
设备 • 李树强　才喆　陈蕾
电气 • 陶云飞　杜鹏　连康龙

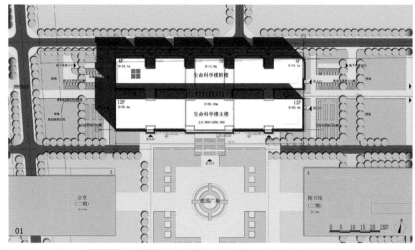

05

06

07

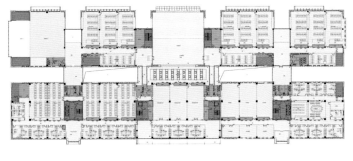

08

09

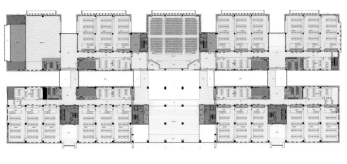

10

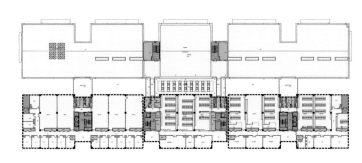

11

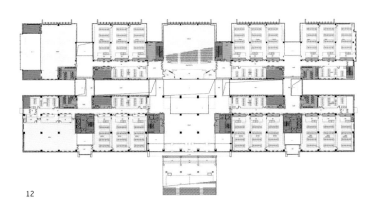

12

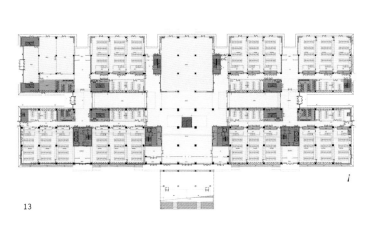

13

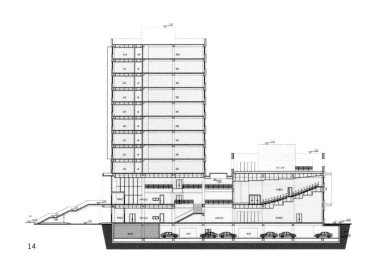

14

浦江城市生活广场

一等奖 • 综合楼

建设地点 • 上海市闵行区　　建筑高度 • 68.40m

用地面积 • 6.29 hm²　　设计时间 • 2012.09

建筑面积 • 18.10 万 m²　　建成时间 • 2015.06

项目是上海市浦江世博家园区域内唯一的商业地块，四面临城市道路，交通便利。机动车道围绕用地周边布局，可方便联系各功能区出入口；用地内部形成步行内庭院。采用多层商业和高层办公楼相结合的布局模式，北侧设置 3 栋 20 层公寓式办公楼，东北角设 1 栋 16 层高层集中式办公楼。4 层商业为主力店与商铺结合的方式，在中心设置圆形广场，各个方向设置出入口小街，体块灵活分割，创造宜人街区尺度。沿中心下沉式广场设置部分地下展厅。商业部分立面采用干挂石材和铝板以及玻璃相结合的设计手法。办公楼立面设计风格统一，竖线条构图，石材幕墙、铝合金幕墙相结合。

项目布局合理，功能关系清晰，对不同建筑类型的个性特点把握较好，特色鲜明。小尺度体块、空间的穿插变化及细节设计营造良好商业氛围，公寓楼、办公楼布局工整，处理手法简洁统一。

设计总负责人 • 刘海平　　费曦强　　巫　萍

项目经理 • 陈　光

建筑 • 刘海平　　陈　光　　孙　静　　费曦强
　　　高　博　　齐永利　　何书洪

结构 • 于东晖　　吕　广　　鲁广庆

设备 • 王　新　　陈　蕾　　王洪磊

电气 • 张启蒙　　徐　昕

07

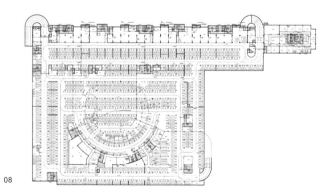

08

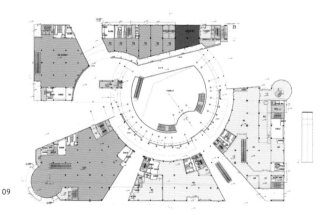

09

10

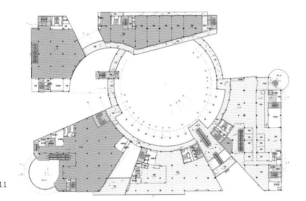

11

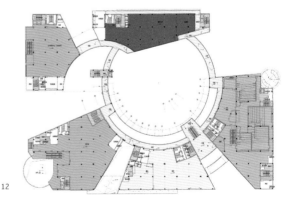

12

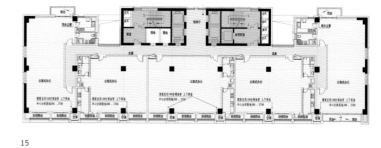

17

滨州市群众活动中心

二等奖 • 综合楼

建设地点 • 山东省滨州市滨城区
用地面积 • 6.72 hm²
建筑面积 • 7.10 万 m²
建筑高度 • 23.95 m

设计时间 • 2011.12
建成时间 • 2015.08
合作设计 • 滨州市规划设计研究院

项目位于山东省滨州市奥林匹克公园东北角，与文化中心以公园体育场为中轴对称布置。由西部 I 段的职工、妇女活动中心，中部 II 段的科技馆及东部 III 段的职工之家组成，集办公、培训、健身娱乐、影院和展览于一身，由工会、妇联、科技馆及青少年活动中心多家单位共同使用，各单位相对独立，出入口分设，方便管理。园区交通采用外环内"H"形立体交通体系，并利用二层景观平台将三者连成一体，形成立体人车货分流交通体系。I、III 段双"U"形对称布置，造型方正；平台中央为 II 段银灰色飞碟造型展厅。各功能区在首层或三至五层穿插室内通高空间，利用玻璃幕墙、天窗提供通风采光，形成接待、交流空间。

项目由 I、II、III 段三部分体量组合形成建筑群体。其内部功能布局合理，关系清晰。

设计总负责人 • 周 虹　王伦天
项目经理 • 窦 志　侯 芳
建筑 • 周 虹　王伦天　宋晓鹏　刘 刚
结构 • 肖传昕　曲 罡　王荣芳　常 青
设备 • 陈 岩　王 琳　崔 玥
电气 • 师宏刚　张 勇　马 晶
经济 • 宋金辉

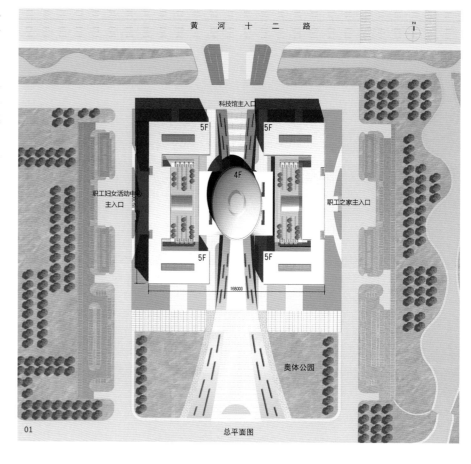

总平面图

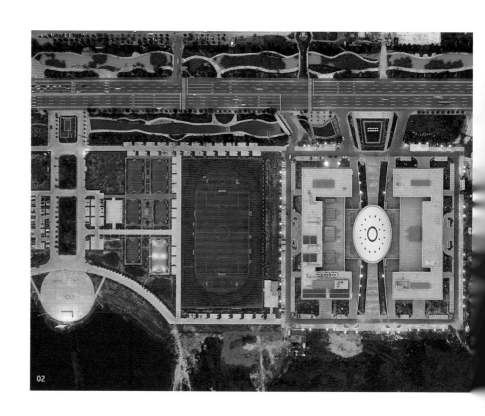

03

04

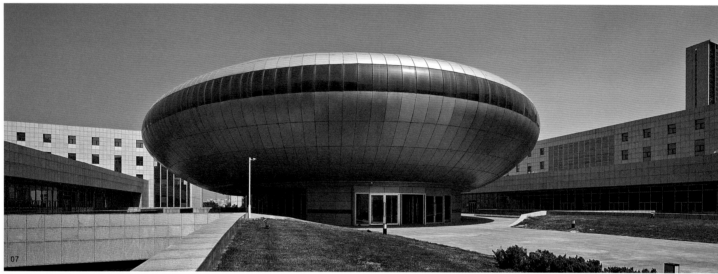

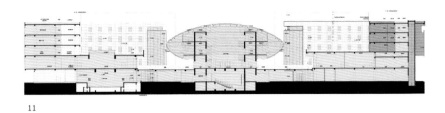

11

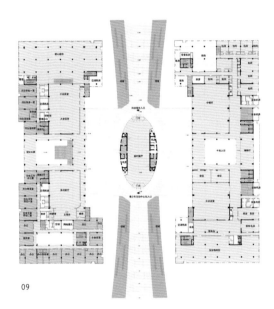

09

12

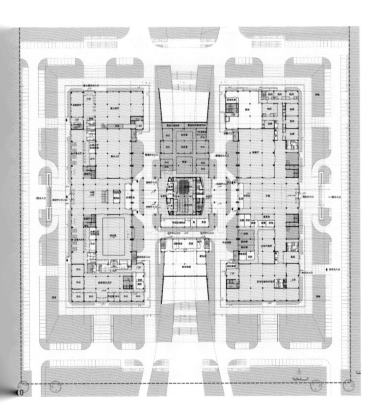

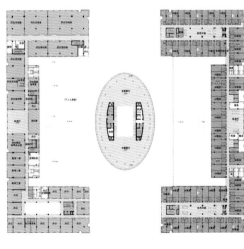

13

全国妇联办公楼改扩建

一等奖 • 改扩建　　建设地点 • 北京市东城区　　设计时间 • 2012.12
　　　　　　　　　用地面积 • 1.06 hm²　　建成时间 • 2015.06
　　　　　　　　　建筑面积 • 3.58 万 m²
　　　　　　　　　建筑高度 • 35.9m

项目原有主体办公楼不拆除，在其北侧新扩建北办公楼、南侧新扩建礼仪大厅。建筑群体在东侧围合为一个东院，南部为礼仪性出入口空间。在局促用地内，最大限度地满足了建筑主体尽可能多的南北朝向，确保自然采光和通风。地上部分主要为内部办公使用及其配套设施——首层包含办公楼的礼仪大堂、对外接待厅、日常办公门厅、内部会议等公共空间；二层南北楼连接处设多功能会议厅；南楼三至十层为各部门办公层；北楼三至五层为普通办公层，六、七层为领导办公层。

在有限的场地条件下，总体及功能布局合理，外部及内部空间设计尺度适宜，历史文脉延续性、整体效果、细节控制较好，完成度高，在旧有建筑基础上品质提升明显。

设计总负责人 • 邵韦平　郑文陶　刘 军
项 目 经 理 • 赵卫中
建筑 • 邵韦平　郑文陶　刘 军　郭晨晨　张 旭
结构 • 周 萍　刘燕华　杨一萍　戴羽冰　李伟强
　　　黄跃斌
设备 • 闫 珺
电气 • 张 林
经济 • 徐凤玲　高洪明
室内 • 张 晋
园林 • 张 果

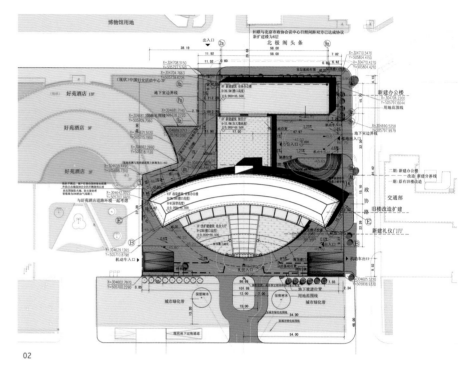

02

03

01

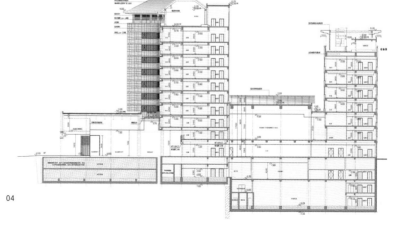

04

05

06

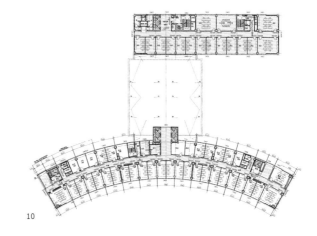

10

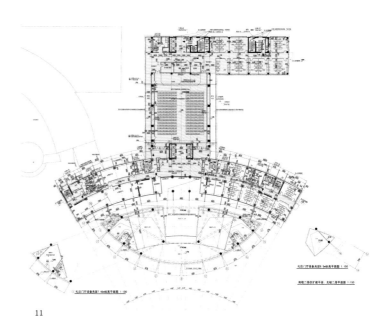

11

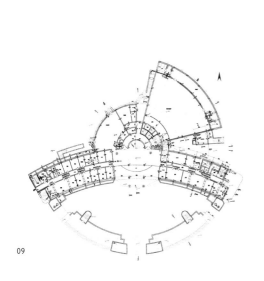

09

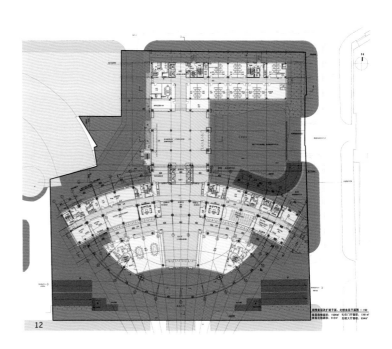

12

援斯里兰卡纪念班达拉奈克国际会议中心维修改造

二等奖 • 改扩建

建设地点 • 斯里兰卡科伦坡　　建筑高度 • 29.00m
用地面积 • 9.00 hm²　　　　　设计时间 • 2008.06
建筑面积 • 3.20万 m²　　　　建成时间 • 2013.10

原建筑1971年由著名建筑师戴念慈主持设计。业主要求在保证整体设计风格基础上，对建筑整体外立面材料、内部装修、结构加固、机电设备设施等进行综合维修与改造。面对将20世纪70年代的建筑系统改为适应现代要求的材料与功能的挑战，设计主要通过如下三方面的改造取得成功。第一，屋面系统——经过研究论证采用了特殊构造方法，由原木望板瓦楞铁屋面改造为直立锁边金属屋面；第二，立柱装修——增加最小尺寸立柱的截面，但注意保证延续原有最重要的立面特征；第三，主入口增加雨篷——采用钢结构"伞装"构架造型的现代玻璃雨篷，减少对原建筑风格的影响。

通过因地制宜地的适当改造，改造后的外立面保持了典雅大气的风格，室内装修更高端现代。整体效果、细节控制出色，完成度好。

设计总负责人 • 徐聪智
项 目 经 理 • 潘子凌
设 计 指 导 • 柴裴义
建筑 • 徐聪智　彭 琳　韩云漫
结构 • 陈一欧　王 盛　刘力宏
设备 • 胡育红
电气 • 任 红　钱 宇　刘云龙
经济 • 窦文萍　宋泽霞

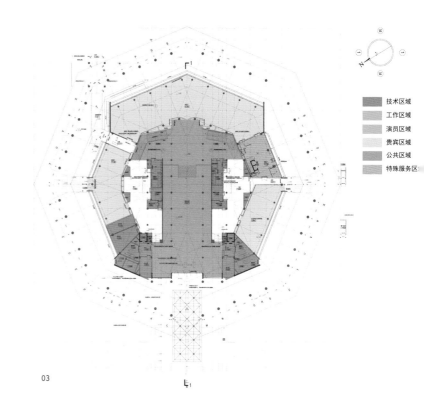

03

技术区域
工作区域
演员区域
贵宾区域
公共区域
特殊服务区

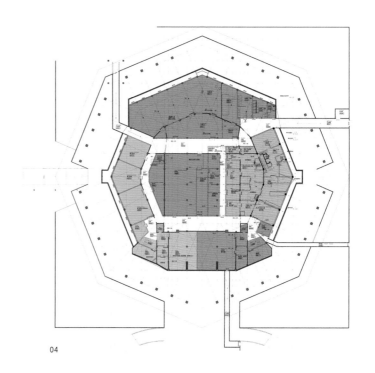

04

05

06

07

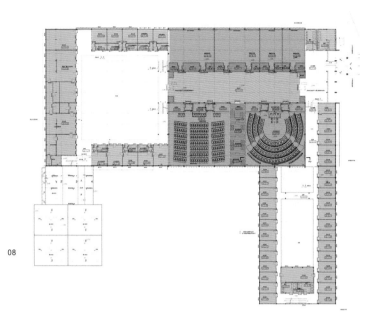

08

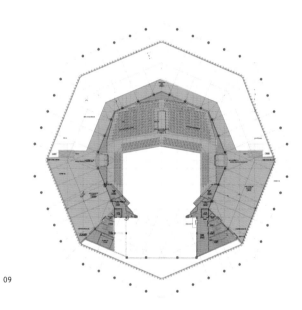

09

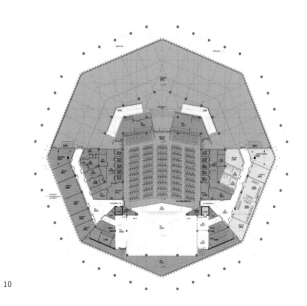

10

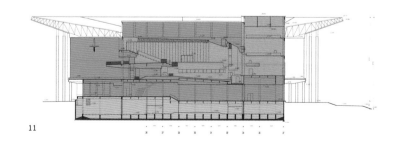

11

特立尼达和多巴哥斯卡伯罗总医院改造

二等奖 • 改扩建

建设地点 • 特立尼达和多巴哥
用地面积 • 19.68 hm²
建筑面积 • 1.87 万 m²

建筑高度 • 8.60m
设计时间 • 2009.08
建成时间 • 2012.04

因项目原主体工程完成 55% 后施工停顿 2 年，部分需拆除重建。故在原外方设计基础上进行改扩建，总平面及各科室平立剖面基本不变，中心区为门诊、急诊、医技、手术等区域；沿海区分别设四个科的病房；后勤区为收发配送和必要的辅助服务设施。建筑顺应山地地势布局，可俯看大海。各科室有独自的出入口，均可通过连廊到达。在保持原有建筑设计风格基础上，建筑屋顶大量使用了坡屋顶和木构架，富有浓厚的当地色彩。主入口延长线为建筑群轴线，轴线一侧设置门诊、手术部等，另一侧设置厨房、实验室、住院部等，末端为可观海景的礼拜堂，场地一端设置停机坪。

总平面布局疏落有致，顺应地形；外连廊等设计适应当地气候特点，整体风格明快简洁。原设计采用英制单位，结构设计中需要大量换算工作才能使用我国的规范进行复核。

设计总负责人 • 李 筠　童 辉　王 佳　张 圆
项目经理 • 李 筠
建筑 • 童 辉　王 佳　张 圆　张建忠
　　　　杨 华　宋 冰
结构 • 杨 懿　苏 彦　耿 青
设备 • 马 超　安 浩　张 伟
电气 • 梁国刚　张文北　杨 源

02

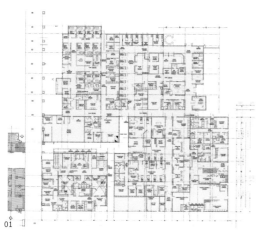

01

03

04

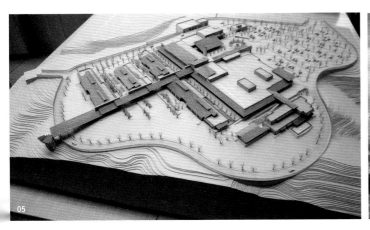

本页 08 - 10　室外局部

　　　11　室内走廊

　　　12　门急诊、放射平面图

　　　13　成人外科病房平面图

对页　14　室内护士站

　　　15　室内候诊大厅

　　　16　室内病房

　　　17　室内病房走廊

　　　18　儿科病房平面图

　　　19　妇产科病房平面图

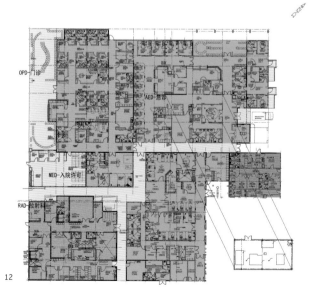

14

15

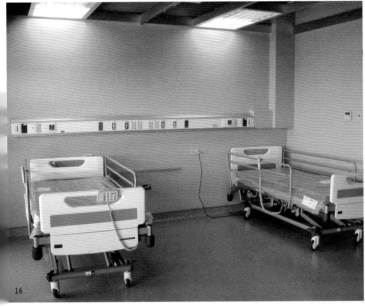

16

17

18

19

哈尔滨大剧院

一等奖 · 剧场

建设地点 · 哈尔滨市松北区
用地面积 · 7.20 hm²
建筑面积 · 7.94 万 m²
建筑高度 · 56.48 m

设计时间 · 2011.07
建成时间 · 2015.09
合作设计 · 爱姆爱地（北京）建筑设计咨询
有限公司

项目位于哈尔滨市松北区文化中心岛内，与太阳岛隔江相望。爱姆爱地主要负责立面造型、室内设计效果控制，BIAD 主要负责建筑功能、工艺等其他内容及结构、机电专业技术设计。

整体由一组白色的飘带围合成室外广场和两组建筑，分别布置1564座大剧院和414座小剧场及配套用房。两剧场的前区为公共大厅，通过中间的下沉空间相互连接，下沉空间通过一部大台阶与地下一层入口大堂贯通，大厅顶部的异形玻璃幕墙可以使整个公共空间接受自然光。大剧场的观众厅和舞台塔上部分别是室内花园展览空间和室外开放的展示交流空间，其与建筑外壳上的两层景观步道连通，使参观人流可以自由的环绕整个建筑。

通过专业化声学设计手段，深化协调观众厅体型设计与装修装饰设计，有效控制声学环境，获得业内高度评价，达到国际先进水准。

建筑以自然的曲线形体将室内外的剧院、景观、广场和相关配套设施整合为一体，空间体验感丰富而强烈，流线及功能清晰合理。建筑功能复杂，涉及多项专业、专项技术设计内容，在建筑技术整合、技术创新等方面体现出较高的专业化水平，使建筑的艺术性与技术性得以高度融合，充分体现类型建筑的特质，是功能、形式、全专业技术一体化的高品质设计。

设计总负责人 · 张秀国　魏 冬
项 目 经 理 · 姜 维
建筑 · 魏 冬　张秀国　丁 英　王东亮
结构 · 朱 鸣　朱忠义　戴夫聪　张玉峰　刘 飞
设备 · 徐竑雷　高 琛　刘宇宁
电气 · 汪云峰　迟 册
经济 · 陈 亮

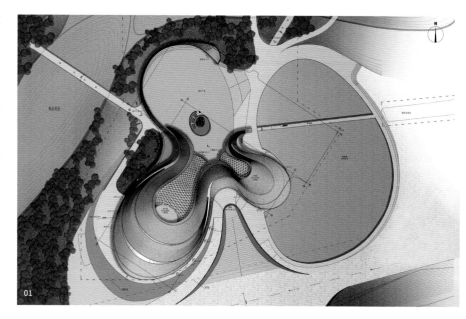

01

02

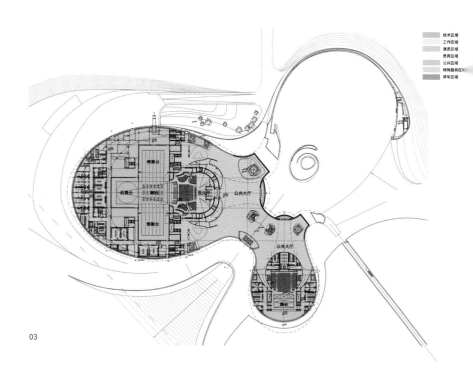

03

04

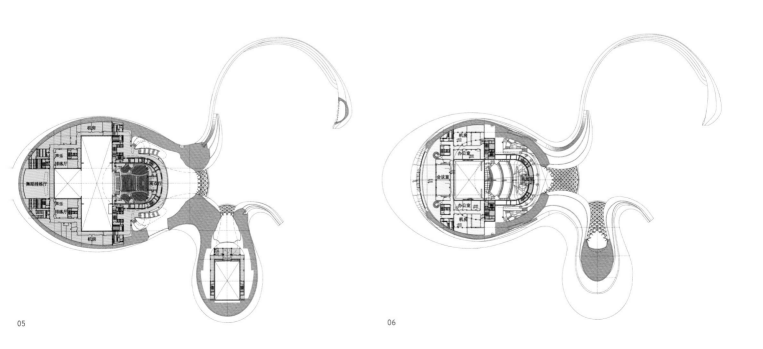

05　　　　　　　　　　　　　　　　　　　　06

珠海横琴国际网球中心一期

二等奖 · 体育馆 体育场

建设地点 · 广东省珠海市
用地面积 · 6.16 hm²
建筑面积 · 4.8 万 m²
建筑高度 · 20.00 m

设计时间 · 2015.01
建成时间 · 2015.08
合作设计 · POPULOUS 设计事务所

项目一期包括广场平台、中心场（5000 座）、1 号场（1500 座）、4 片比赛场（250 座）及 12 片室外训练场，具备举办国际顶级网球赛事、网球教育、培训、训练及交流的能力。双首层设计有效实现多类人流分散。一期与二期（12000 座网球专项体育馆及配套酒店）通过大型平台形成统一的整体。平台下设置大面积车库、赛事用房餐厅及配套机电机房设施。体育场地上三层，东西约 180 米，南北约 130 米。按室外场地设计，屋盖为箱型梁组合张弦梁结构，未设置集中空调。为提高观众席体感舒适度、满足对新风的需求，在网球中心底部、中部及上部设置大面积的通风走廊，利用冷热空气的对流循环，增加建筑物内部的空气流通。

项目布局结构清晰，功能合理，设计手法简洁明快。响应当地气候的半围合室外赛场具有鲜明特色。

设计总负责人 · 解 钧
项 目 经 理 · 焦 力
建筑 · 焦 力　解 钧　胡 杨　潘君毅
结构 · 李伟政　王 轶　郑珍珍　李华峰
设备 · 王力刚　洪峰凯　王思让
电气 · 杨晓太　张建辉　刘 丹

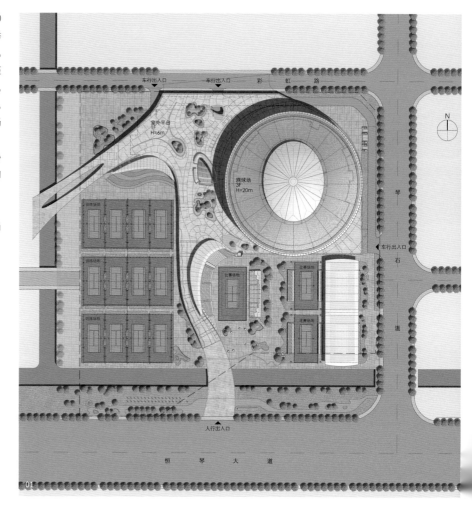

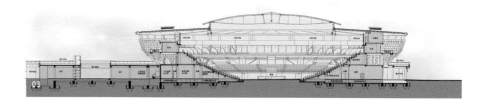

05

06

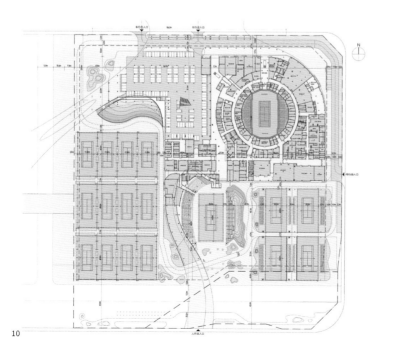

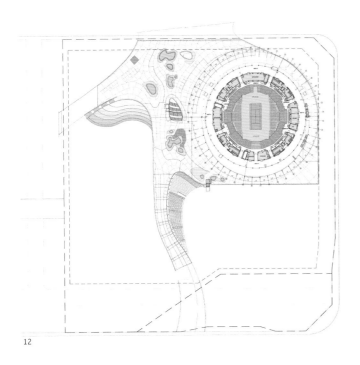

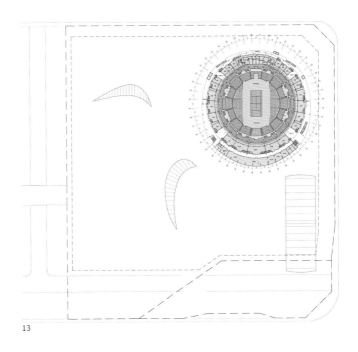

11

12

13

成都高新武侯档案、文化、图书综合馆

二等奖 • 档案馆

建设地点 • 成都市高新区
用地面积 • 0.60 hm²
建筑面积 • 4.08 万 m²

建筑高度 • 57.60 m
设计时间 • 2012.09
建成时间 • 2014.11

项目为集武侯区档案馆、文化馆、图书馆及高新区档案馆"四馆合一"的面向社区开放的综合文化活动场所。在两个临街面分别设置武侯区和高新区的主入口，基地南侧设置后勤功能入口，方便卸货和内部人员进出。立面材料主要为陶板和玻璃，采用形体穿插、虚实对比等空间处理手法。地上一至三层为武侯区档案馆，四至六层为高新区档案馆、七至九层为武侯区图书馆，十至十二层为武侯区文化馆，十三层为职工餐厅。地下共二层，分别为车库、设备用房等。

项目功能内容较多，按层设置垂直功能分区，共用交通核；总体功能关系合理，流线紧凑、便捷。建筑造型规整，风格现代简洁、虚实对比强烈。

设计总负责人 • 郑 方
项 目 经 理 • 张子军
建筑 • 郑 方
结构 • 郭 洁　高 顺　胡建云
设备 • 赵九旭　薛沙舟　陈 莉　杨得钊　彭 鹏
电气 • 申 伟　王寅浩

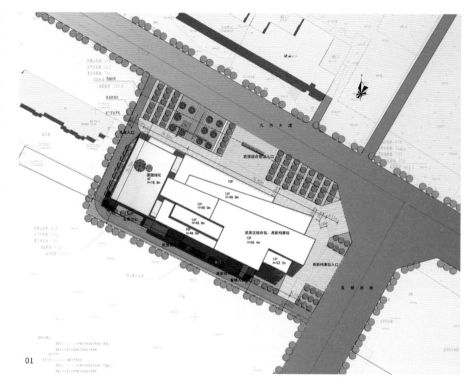

01

02

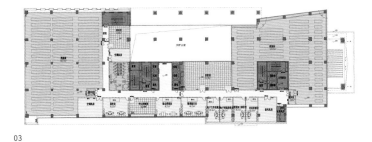

03

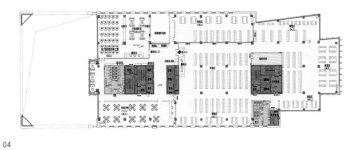

04

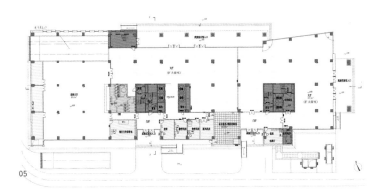

05

06

07

08

09

住总万科金域华府产业化示范住宅

一等奖 • 高层住宅

建设地点 • 北京市昌平区
建筑面积 • 1.18万 m²
建筑高度 • 80 m

设计时间 • 2013.08
建成时间 • 2015.12

项目是小区内的示范楼，为北京地区 80 米高装配式（剪力墙）住宅的第一个实践项目。预制率、标准化程度及可重复性较高。在底部加强区及地下部分采用全现浇剪力墙结构，在非加强区部分采用装配整体式剪力墙。采用预制装配构件包括：结构构件部分（包括外墙板、叠合楼板、楼梯、阳台板、空调板、飘窗）及装饰板部分。

设计实现了建筑、结构及节能一体化，达到了环保、绿色、节能减排的目的；预制装配式剪力墙住宅的设计和施工特色突出；作为万科（1单元4户）户型应用管线分离技术首栋试点住宅，单元平面经过优化，套型布局细致。厨房和卫生间的内装修体现了较高的装配化水平。

设计总负责人 • 杜佩韦　杜　娟
项目经理 • 龙　虎
建筑 • 杜　娟　杜佩韦　许　琛
结构 • 马　涛　陈　彤　郭惠琴　张　沂
设备 • 王　颖　田　丁　滕志刚
电气 • 蒋　楠

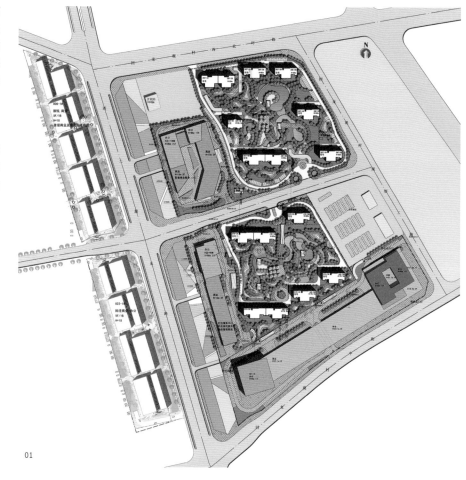

01

02

03

04

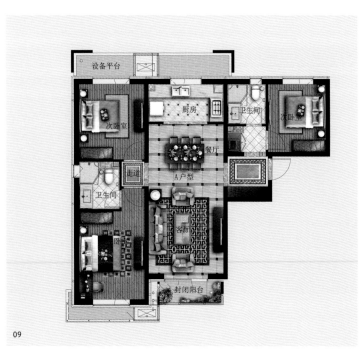

09

10

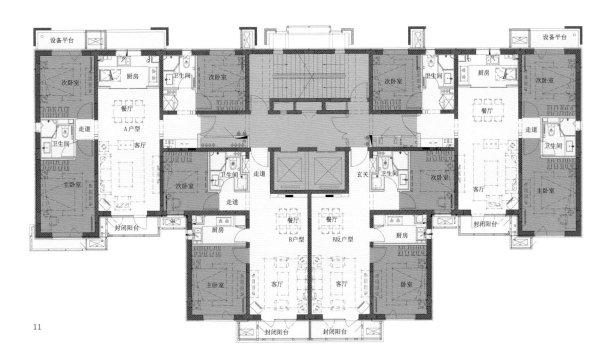

11

12

13

14

15

望京金茂府住宅

一等奖 • 高层住宅	建设地点 • 北京市朝阳区	建筑高度 • 58.20 m
专项奖 • 绿色建筑	用地面积 • 3.52 hm²	设计时间 • 2012.11
人防工程	建筑面积 • 12.3 万 m²	建成时间 • 2015.03

项目在总图规划和场地设计中，采用了将小区内部场地整体抬高的方法，"发展"出 2.75 米高的绿化平台，与城市道路通过用地周边的环形路、消防车坡道和主次入口台阶形成衔接，并在小区主入口、道路交叉口、消防车道入口等处做重点处理；采取台地绿化、坡地绿化等多种手法，使平台的景观实现多层次的、步移景异的空间效果。用地内的文物建筑与建筑和园林融合。在绿色节能方面，采用先进的冷热源系统，住宅户内采用温湿度独立控制系统（毛细管网辐射空调、热回收独立新风除湿机组）。配置完善的新型节能措施，设置供热量自动控制装置，根据室外气候变化调节温度，获得良好的评价和效益。

绿化平台手法成熟，形成了小区的私密空间，提供了清静的环境；同时解决了人车分流，为地下两层空间的建设节约了土方。建筑、园林的设计和施工精良。住宅采用了地源热泵系统、温湿度独立控制系统以及空调冷凝热回收生活热水系统等多项节能技术。对可再生能源在住宅项目中合理应用进行了有益尝试。选址、布局、出入口、技术等方案合理。平战功能转换方便。人防工程出入口与景观设计紧密结合，实现了较好的外观效果。

01 　　　　　　　　　　　　　　　　　　　　　总平面图

设计总负责人 • 刘晓钟　　吴　静
项 目 经 理 • 刘晓钟
建筑 • 刘晓钟　吴　静　张　宇　赵　蕾　张　凤
　　　朱　蓉　赵　楠
结构 • 毛伟中　马文丽　　张　妍
设备 • 吴宇红　梁　江　　曾若浪
电气 • 肖旖旎　向　怡

02

03

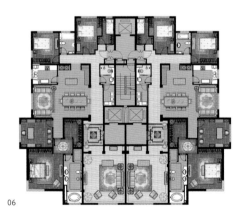

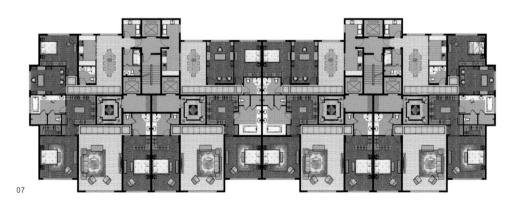

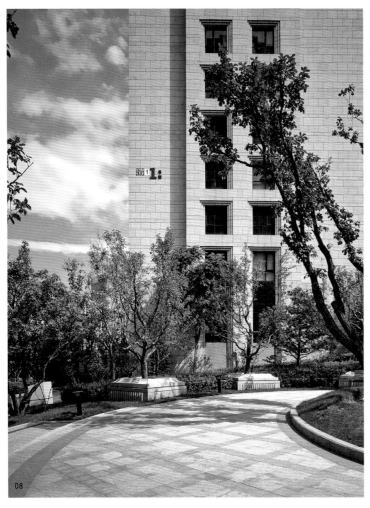

08

09

10

11

12

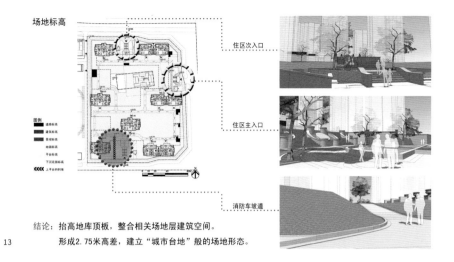

场地标高

图例
道路标高
建筑标高
景观标高
地面标高
平台标高
下沉花园标高
上平台的坡道

住区次入口

住区主入口

消防车坡道

结论: 抬高地库顶板, 整合相关场地层建筑空间。
形成2.75米高差, 建立"城市台地"般的场地形态。

13

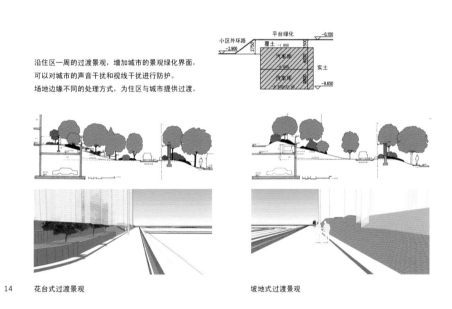

沿住区一周的过渡景观, 增加城市的景观绿化界面,
可以对城市的声音干扰和视线干扰进行防护。
场地边缘不同的处理方式, 为住区与城市提供过渡。

小区外环路   平台绿化   -0.150
-2.900   覆土 -1.650   500
汽车库   400
实土
汽车库   500
-9.650

14   花台式过渡景观   坡地式过渡景观

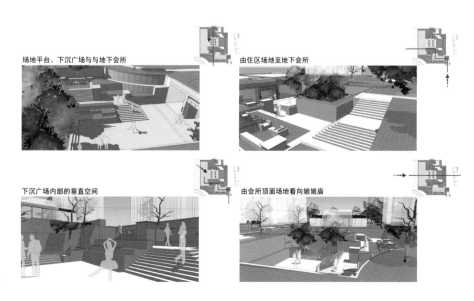

场地平台、下沉广场与与地下会所   由住区场地至地下会所

下沉广场内部的垂直空间   由会所顶面场地看向娘娘庙

15

164

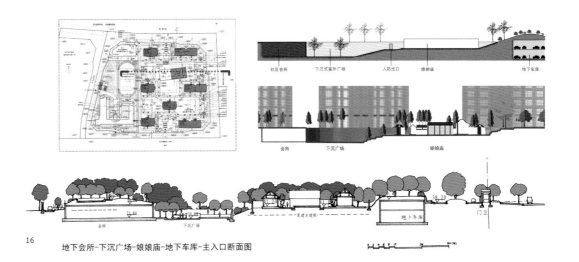

16　地下会所-下沉广场-娘娘庙-地下车库-主入口断面图

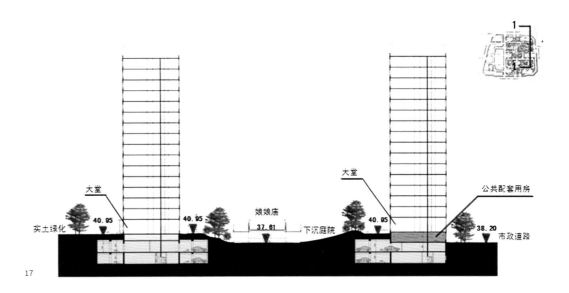

17

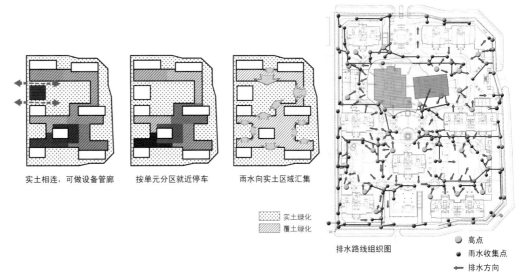

实土相连，可做设备管廊　　按单元分区就近停车　　雨水向实土区域汇集

实土绿化
覆土绿化

排水路线组织图

高点
雨水收集点
排水方向

18

首城汇景湾 A05 地块
高层住宅

二等奖 • 高层住宅

建设地点 • 北京市平谷区
用地面积 • 4.08 hm²
建筑面积 • 4.59 万 m²

建筑高度 • 44.60 m
设计时间 • 2012.12
建成时间 • 2015.03

首城汇景湾位于北京市平谷区马坊镇京平高速马坊出口处以南，共 5 个地块，其中 3 个住宅地块、1 个商业地块和 1 个社会停车场地块。本项目为 A05 地块中的高层住宅，有 4 栋 10～15 层单元式住宅。住宅套型为面积 90～130 平方米的两居和三居，使用对象为首次置业及改善居住条件的当地居民。

建筑体型系数好。住宅套型方整，面宽舒适，南北通透。外立面风格清新现代。南立面的水平线条流畅，建筑色彩丰富。

设计总负责人 • 胡 越　邰方晴　林东利
项 目 经 理 • 邰方晴
建筑 • 胡 越　邰方晴　林东利　张晓茜
　　　　项 曦　姜 然
结构 • 鲍 蕾　张 博　马洪步　杨育臣
设备 • 葛 昕　林坤平
电气 • 孙 林　吴 威

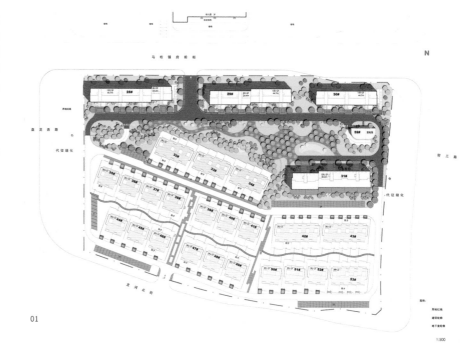

01

02

07

08

09

10

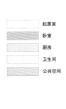

11

京投万科新里程产业化住宅

二等奖 • 高层住宅

建设地点 • 北京市房山区
用地面积 • 4.06 hm²
建筑面积 • 25.45 万 m²

建筑高度 • 45.00 m
设计时间 • 2013.03
建成时间 • 2015.09

项目规划布局简洁，建筑高度 11~15 层，层次丰富，空间均好。作为装配化住宅试点项目，设计和研究围绕如何提高预制化率进行，最终实现预制化率 65% 的目标。建筑外立面采取新古典风格，色彩以棕红及米黄色为主色调。

建筑的装配式设计和施工特点清晰。住宅单元优化，套型布局合理，内装修的完成度较高。

设计总负责人 • 王 炜
项目经理 • 杜佩韦
建筑 • 王 炜　杨 帆　王 庚　赵 頔
结构 • 马 涛　陈 彤　田 东　郭惠琴
设备 • 王 颖
电气 • 蒋 楠　张银龙

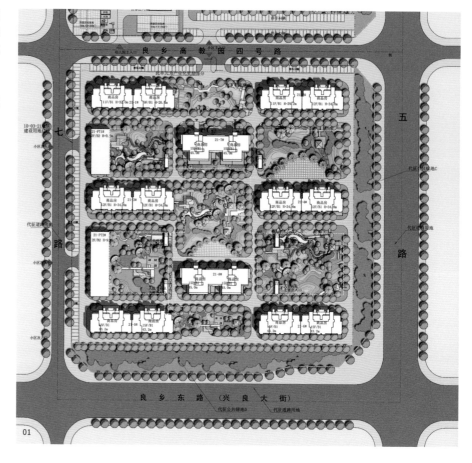

01

02

03

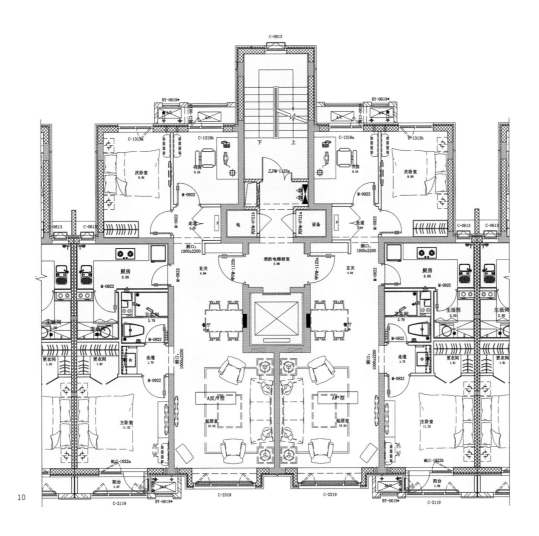

10

11

康泉小区职工住宅

二等奖 • 高层住宅

建设地点 • 北京市朝阳区	建筑高度 • 80.00 m
用地面积 • 6.55 hm²	设计时间 • 2015.06
建筑面积 • 27.07 万 m²	建成时间 • 2015.09

项目位于北京市朝阳区建国路八里桥，南邻远洋新天地，北邻规划绿地，东紧邻康泉新城一期，为公务员住宅小区。建筑沿主要用地南北两侧分别布置4栋塔式和3栋板式28层住宅，形成东西长向的中心绿地和空间主轴线；在东南侧用地上布置了1栋13层单元住宅和1栋7层的配套服务设施楼。

规划用地方正，布局简洁，空间舒朗。住宅单元平面的设计细致，套型设计"中规中矩"。外立面设计大气，色彩稳重。

设计总负责人 • 许 蕾
项目经理 • 赵卫中
建筑 • 许 蕾　杨 青　沈 荻　田 浩
结构 • 周 笋　王皖兵　郭丽平　戴羽冰　张雨薇
设备 • 黄 晓　张 成　周青森
电气 • 胡又新　张永利　景蜀北

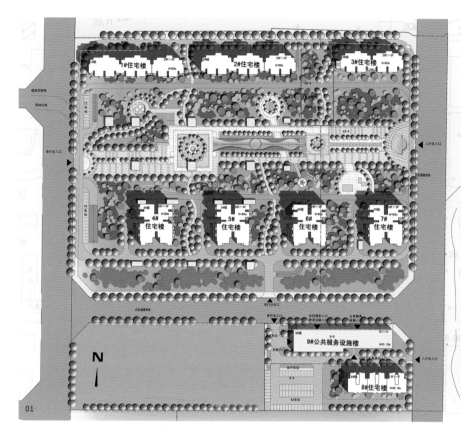

01

02

03

04

05

06

07

08

09

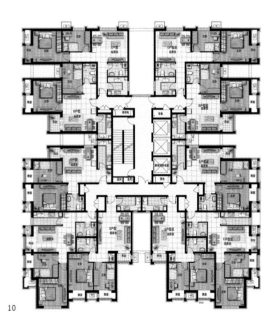

10

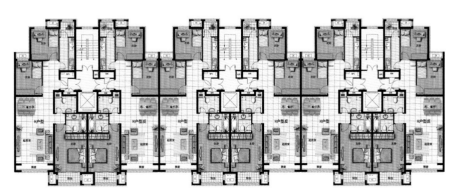

11

2016 年唐山世界园艺博览会景观规划设计

一等奖 • 城市规划

建设地点 • 河北省唐山市
规划用地面积 • 540.20 hm²
规划建筑面积 • 94.9 万 m²

编制时间 • 2015.04
建成时间 • 2016.04

唐山世园会规划以"文化展示、生态塑造、持续发展"为园区规划的核心理念，通过建造生态型的园区、提供全新的游览方式、采用创新的绿色技术、安排以自然和文化展示为依托的各项游憩活动功能，展现都市与自然共生的主题。布局结构以"凤舞"为构图，形成"以水为核"、"一轴、三线、三环、八园"的规划结构。规划特色包括：运用灵活创新的展览方式，重点打造核心区，突出主轴线和重点展园的内部小环线；打造"低碳生活园"等八大特色展区、"主展馆"三大主题展馆和"丹凤朝阳"等四大标志性景观。规划兼顾考虑了会后利用。

世园会规划团队利用成熟的"集成规划"手段，提升园区及周边整体环境品质，使其成为未来唐山生态绿地系统的重要组成部分，也是城市未来的绿色核心和公共游憩活动的特色吸引区。在展示唐山抗震重建、生态修复成果的同时，更是对城市未来绿色低碳、生态可持续建设城市远景的推动。

设计总负责人 • 徐聪艺
项目经理 • 杨彬
建筑 • 徐聪艺　韩梅梅　谢楠　李晓旭
　　　　郭志敏　孙朋
规划 • 孙小龙　杨自力　刘璐
景观 • 王立霞　杨晓朦　张悦　李帅
　　　　黄莹　马丽

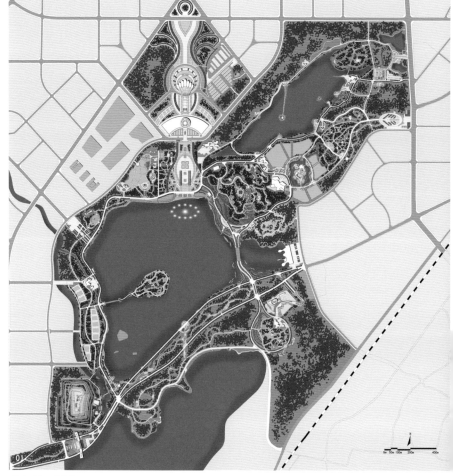

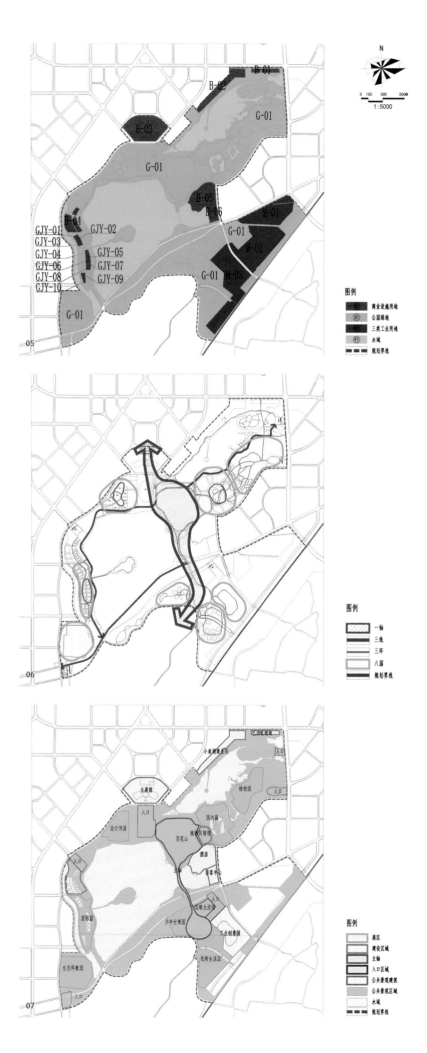

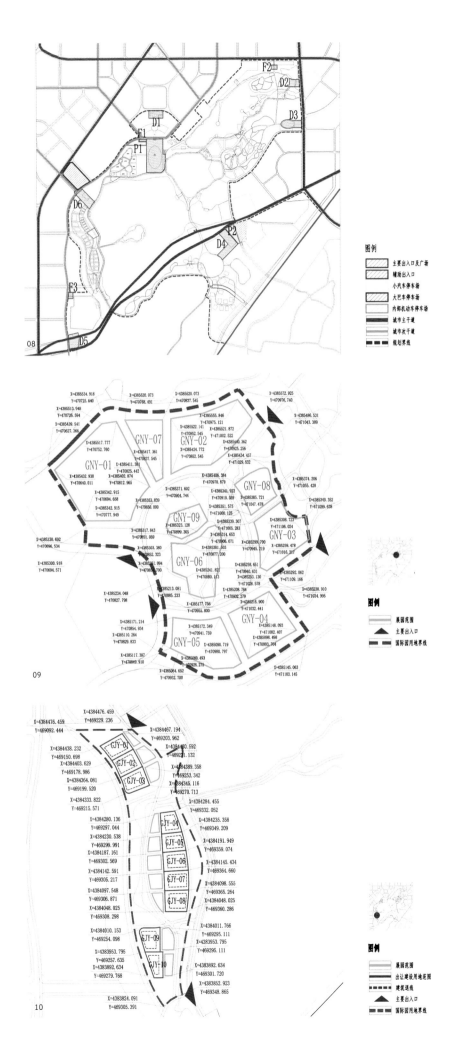

15

16

17

招远市高家庄历史村落保护规划

二等奖 • 城市规划

建设地点 • 山东省烟台市
规划用地面积 • 30.75 hm²
规划建筑面积 • 1.7 万 m²

编制时间 • 2014.03
建成时间 • 2016.07
合作设计 • 山东大学文化遗产研究院

高家庄为山东省级历史文化名村，是目前胶东地区规模最大、保存格局最为完整、各类型历史建筑最为齐全的古村落，具有突出的传统村落景观风貌和历史文化内涵。保护规划及时地总结和反映了高家庄历史文化名村保护的经验和问题。从古村落的建筑现状调查和风貌特色保护规划的制定和实施两个方面入手，对古村落保护规划进行了客观和深刻的研究。

规划"手笔"细巧，恰如其分地实现了村庄历史风貌的保护和建筑的整修。

设计总负责人 • 吴 晨
项目经理 • 吴 晨
建筑 • 吴 晨　郑 天　朱 里　李仲阳
　　　李 想　焦 健　张静博　杨艳秋
　　　沈 洋　李竹影　施 媛　杨 睿
　　　张梦桐　李 婧　吕文君

高家庄位于山东省招远市西北辛庄镇渤海之滨，北距海边约1公里，东与辛庄镇政府驻地相距约1.5公里，东南距招远市中心城区约22公里；高家庄交通区位优越，206国道（烟潍公路）、德龙烟铁路（设有辛庄站）横贯村南侧，附近有荣乌高速公路出口，与北京、青岛、烟台、济南、潍坊等大中城市交通往来便利，距青岛、烟台国际机场交通时间均不超过1.5小时，随着龙青（龙口一青岛）高速公路的建成，辛庄镇交通将更加便利。

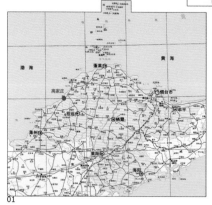

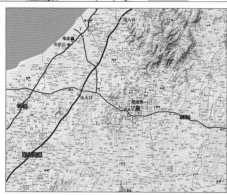

01

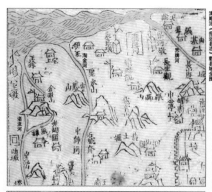

清顺治《招远县志》载县城全图

明《筹海图编》中东莱与王徐岛图墩

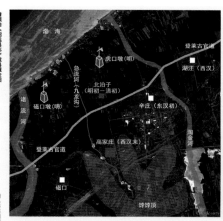

02

03

高家庄村，位于海滨古官道南一华里，为西汉末年（约为公元23年）高姓徙居之处，以姓氏取名；东汉光武年间（公元25年）为防水患，替联村集资，修建"镇龙庵"于村西；元至正元年（1341年）、明成化年间（1465—1487年），高姓家族大量外迁，至清朝年间，高姓在本村徙绝，至今村西南有高家茔地名。明宣德年间（1426—1435年），高家庄徐姓始祖徐进之由招远勾下店迁居朱宋，举为北海守墩吏；徐进之次子、四子、六子的孙辈四人受命看墩报警，由朱宋携迁经迁居墩地，墩点设在高家庄北一公里处，称"北泊子"、"北园子"或"小家西"；清初顺治年间（1644—1662年）撤墩，且海受地震影响，海水倒灌，风沙淹没村庄，于顺治年又全部南迁于高家庄。康熙十九年（1680年）移北泊三宫庙于本庄、重修镇龙庵和关帝庙，清中叶的乾隆年间村中又迁入王、吕、黄等姓，清中后期徐氏兴盛，村庄开始大规模建造。

其选址根据创建镇龙庵，埋"斩龙剑"与"压龙金"，以镇住九龙沟风水宝地的历史和传说，以及其西侧九龙溪沟环绕略似青龙，东侧岗阜绵延（据东门"屏山"之名和地形推断）以象白虎，北方大海有玄武之义，南侧铧铮顶反复横向环抱以应朱雀，具有较为明显的风水理念选址特征，且村落始建于汉代的历史，位于丘陵缓坡的末端且旁有冲沟，既避免了海水倒灌、海浪风潮的风险，也十分方便村庄取水，十分符合《管子·乘马》"高毋近旱，而水用足；下毋近水，而沟防省"的先秦营造选址思想。

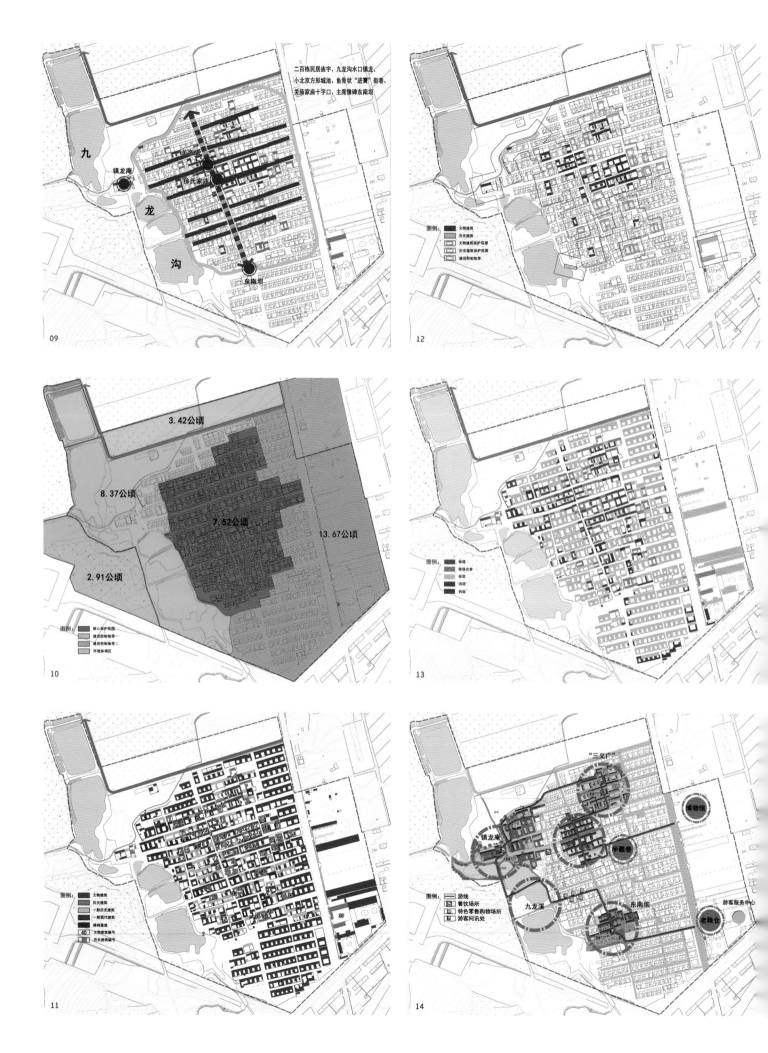

二百栋民居庙宇、九龙沟水口镇龙、
小北京方形城池、鱼骨状"进宝"街巷、
关庙家庙十字口、主席像碑东南坝

09

九
龙
沟

镇龙庵

关帝庙

徐氏家庙

东南坝

10

3.42公顷

8.37公顷

7.52公顷

13.67公顷

2.91公顷

图例：
核心保护范围
建设控制地带一
建设控制地带二
环境协调区

11

图例：
文物建筑
历史建筑
一般历史建筑
一般现代建筑
瓣时建筑
40 文物建筑编号
历史建筑编号

二百栋民居庙宇、九龙沟水口镇龙、
小北京方形城池、鱼骨状"进宝"街巷、
关庙家庙十字口、主席像碑东南坝

12

图例：
文物建筑
历史建筑
文物建筑保护范围
历史建筑保护范围
建设控制地带

13

图例：
保护
修缮改善
保留
改造
拆除

14

"三义广"

镇龙庵

九龙溪

半截巷

东南坝

博物馆

游客服务中心

老粮仓

图例：
游线
餐饮场所
特色零售购物场所
游客问讯处

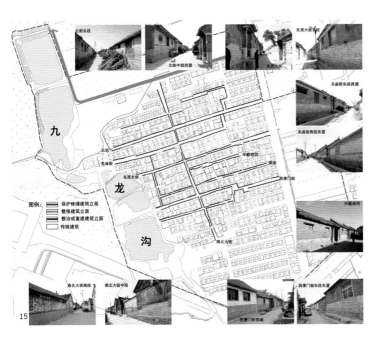

15

规划设计：按历史原貌修缮三官庙和镇龙庵，恢复三官庙、镇龙庵的大殿及倒座门楼，整修土地为传统青砖石砌构筑，整修水渠和拆除圩墙边的部分建筑，建设圩塘绿化景观带，建设庙前石拱桥，打通三官庙前东西两个坑塘水系，加强治塘绿化。

16 镇龙庵修缮整治规划

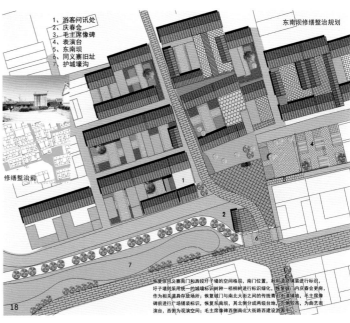

1、游客问讯处
2、庆春会
3、毛主席像碑
4、表演台
5、东南坝
6、同义寨旧址
7、护城壕沟

东南坝修缮整治规划

18 恢复同义赛南门和西投圩子墙的空间格局，南门位置，圩子墙则采用统一的城墙标识树种—梧桐树进行标识绿化，恢复城门与南北大街之间的传统青石街道铺装，毛主席像碑前进行广场铺装标识，恢复乐舞旧址，其北侧分成两级台地，东为曲艺表演台，西侧为观演空间；毛主席像碑西侧南北大街西建设游园绿化。

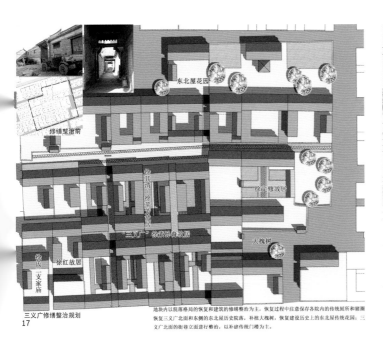

17 三义广修缮整治规划

地块内以院落格局的恢复和建筑的修缮整治为主，恢复过程中注意保存各院内的传统回所和猪圈，恢复三义广面和东侧的东北屋历史院落，补植大槐树，恢复建设历史上的东北屋传统花园；三义广北面的街巷立面进行整治，以补建传统门楼为主。

1、关帝庙
2、徐其绚故居
3、徐氏三支家庙
4、徐云峰故居

规划设计：地块内以院落格局的恢复和建筑的修缮整治为主，主要是恢复徐氏三支家庙的西厢房坡屋顶和徐云峰故居倒座，修缮恢复关帝庙外观，重设旗杆，街巷进行条石铺装。

修缮整治前

19 十字街修缮整治规划

BIAD-B 座七至八层装修改造

专项奖 · 室内设计
　　　　绿建设计

建设地点 · 北京市西城区　　　建筑高度 · 37.20 m
用地面积 · 1.97 hm²　　　　　设计时间 · 2014.09
建筑面积 · 1.55 万 m²　　　　建成时间 · 2015.09

项目为北京市建筑设计研究院有限公司办公用房。设计任务是针对室内空气进行末端净化处理、室内环境实时监测、照明控制实现智能化管理和个性化调节相结合、家具的人体工程学设计及水源的净化处理、员工的休闲空间、阅览空间、健身空间多角度进行研究并落实。结合建筑设计行业量身订做会议系统、信息发布系统。外墙室内侧增加保温层及通风窗；采用可通过反射增加室内照度的电动遮阳百叶；选用绿色认证材料；工位灯上照漫反射即满足日常办公要求，下照可个性化调光；灯具、空调通过人员感应探测器控制；壁装智能集成面板，整合了照明、空调、电子除尘、窗帘、通讯录、环境监测等多种功能；机电设备均可通过集成面板、电脑、手机进行控制。在平时使用时，整套系统自动运行。本项目已获得美国 LEED ID+C 白金奖

人性化及智能化设计，不仅使空气质量、照明等得以提升，而且令使用者在视觉、心理感受等方面也得以改善。室内空间明快现代，创造了适宜的办公环境，实现了从舒适、绿色、节能、管控等多角度的整体改善，开创办公智能化室内改造的设计新领域。

设计总负责人 · 何 荻
项 目 经 理 · 王 勇
建筑 · 王 勇　何 荻
设备 · 林坤平　朱丹丹　张雪松
电气 · 刘 洁　李 超　骆 平
室内 · 臧文远　张 晋　王璐璐
　　　周 晖　朱兆楠　包松宇

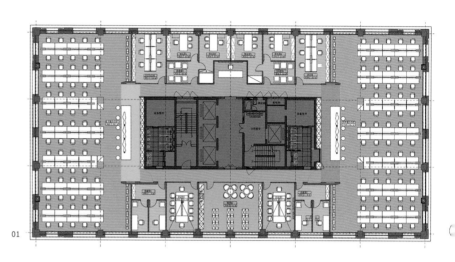

01

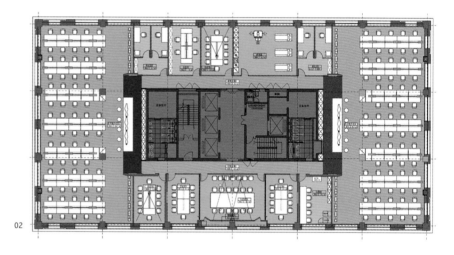

02

03

04

05

06

07

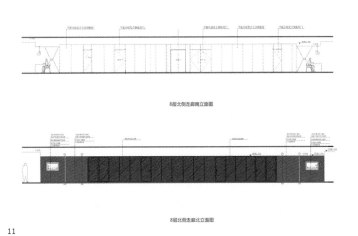

8层北侧走廊南立面图

8层北侧走廊北立面图

11

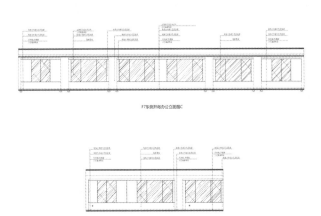

F7东侧开敞办公立面图C

F7东侧开敞办公立面图D

12

14

15

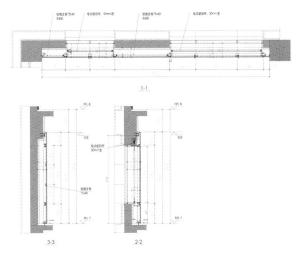

室内改造立面

1-1

3-3   2-2

13

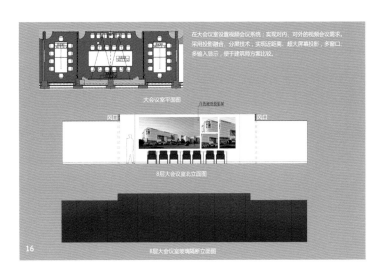

大会议室平面图

8层大会议室北立面图

8层大会议室玻璃隔断立面图

在大会议室设置视频会议系统，实现对内、对外的视频会议需求。采用投影融合、分屏技术，实现近距离、超大屏幕投影，多窗口、多输入显示，便于建筑师方案比较。

16

改造前后各个系统对比表

	改造前	改造后
灯具配置	嵌入式荧光灯	基础照明+工位照明
照明控制	手动开关	根据人员探测器、定时开关、手动需求设置
空调系统	手动开关	根据人员探测器、系统设定值控制 增设电子除尘，根据PM2.5传感器联动控制 新风与CO2联动
遮阳	手动遮阳	电动遮阳
外窗	手动开关	内呼吸幕墙；电动窗磁

照明系统改造前后对比

照明电子地图 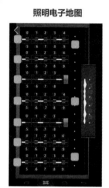　　照明电子地图 　　照明控制页面

空调系统改造前后对比

	改造前	改造后	优势
风机盘管控制方式	每台风盘设置手动控制面板	在集中控制面板上统一控制。	一个集中控制面板替代了7个风机盘管控制面板，增强了美观性。
	在风机盘管控制器上方贴标签。	采用电子地图定位风盘。	便于使用人快速找到风盘。
	-	个人电脑、手机控制风机盘管。	使用便捷。
风机盘管温度探测器设置	内置于风机盘管就地控制器中，设置位置相对集中，远离风盘控制区域。	将温度探测器安装在各个风机盘管回风管内。	探测器设置区域与空调制冷区域一致，保证了控制的精确性。
外围护结构	-	设置内呼吸幕墙	降低降低传热系数，降低能耗。
		设置电磁锁。在室外PM2.5高于50时，吸合电磁锁。	控制雾霾进入室内，提高空气品质。
空气品质治理	-	末端风机盘管设置电子除尘	提高空气品质

	改造前	调研（进口成品灯具）	改造后（定制灯具）	
吊顶高度（m）	2.5	2.8	2.8	
桌面平均照度（lx）	300	400	上照灯	300
			下照灯	1000
功率密度值（W/m²）	20	16.8	上照灯	3.5
			下照灯	5.3
照明均匀度	0.67	近似1	近似1	
光源类型	T8荧光灯	T8荧光灯	LED	
光源照射方式	嵌入式	二次反射	二次反射	
单个光源功率（W）	3×36	4×36	上照灯	2×30
			下照灯	2×30
使用灯具数量	40	27	19	
镇流器或电源驱动器	节能电感镇流器	DALI镇流器	上照灯	LED电源驱动器
			下照灯	2个DALI电源驱动器
Ra	>90	>90	>90	
R9	-	-	>10	
SDCM	-	-	<5	
色温	3500	3500	4000	
照明控制方式	手动开关	手动调光	上照灯	集中回路开关
			下照灯	单灯调光

✓满足吊顶净高并满足各个工位可单独调节照度要求

✓二次反射兼工作面照明灯具

✓电脑办公，工作面平均照度300lx

壁装智能集成面板　　工位灯分级灯控制屏

设计工位定制灯具，上照灯采用LED二次反射灯具，上照灯功率占灯具的20%，通过吊顶反射照明，作为办公一般照明。下照灯采用LED配磨砂板，匹配DALI控制器，作为个性化工位照明，同时提供5-100%调光方式。上照灯按区域进行集中开关控制；下照灯作为工位照明全部由各个使用人自行控制。上照灯在工作时间定时开启，加班、节假日时间根据人员探测传感器联动，人在灯开，人走灯灭。下照灯作为补充照明，需要使用人手动开启，在探测到无人时，上照灯、下照灯自动关闭。提供工位300-1300lx的自由调节。

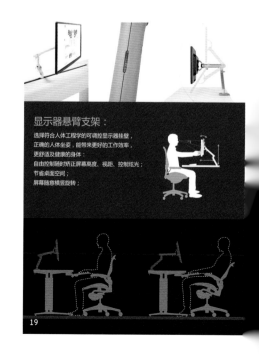

显示器悬臂支架：

选择符合人体工程学的可调控显示器挂壁，正确的人体坐姿，能带来更好的工作效率，更舒适及健康的身体：
自由控制随时矫正屏幕高度、视距、控制炫光；
节省桌面空间；
屏幕随意横竖旋转；

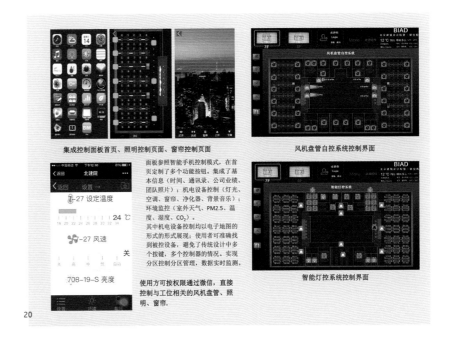

集成控制面板首页、照明控制页面、窗帘控制页面　　风机盘管自控系统控制界面

面板参照智能手机控制模式，在首页定制了多个功能按钮。集成了基本信息（时间、通讯录、公司业绩、团队照片）；机电设备控制（灯光、空调、窗帘、净化器、背景音乐）；环境监控（室外天气、PM2.5、温度、湿度、CO_2）。其中机电设备控制均以电子地图的形式的形式展现；使用者可准确找到被控设备，避免了传统设计中多个按键，多个控制器的情况。实现分区控制分区管理，数据实时监测。

使用方可按权限通过微信，直接控制与工位相关的风机盘管、照明、窗帘。

智能灯控系统控制界面

20

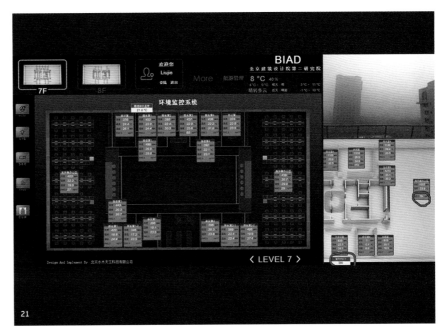

21

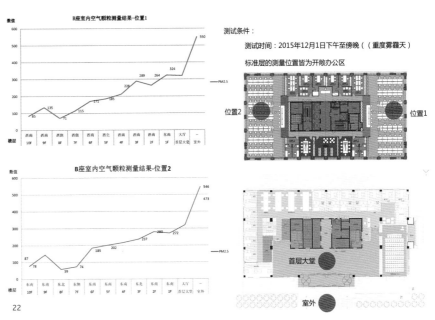

B座室内空气颗粒测量结果-位置1

测试条件：

测试时间：2015年12月1日下午至傍晚（（重度雾霾天）

标准层的测量位置皆为开敞办公区

B座室内空气颗粒测量结果-位置2

22

燕保大厦 B 栋九层办公室室内设计

专项奖 • 室内设计　　建设地点 • 北京市石景山区　　设计时间 • 2015.06
　　　　　　　　　　建筑面积 • 1.30 万 m²　　建成时间 • 2015.08

设计旨在为业主打造与自然亲和、无拘无束的办公环境，运用自然、声音、绿色、科技、高效等新兴理念或主题，为办公空间的室内设计创造便捷、高效、轻快的新生态。设计灵感来源于自然，来源于水和声音，主体色调为白色与灰色。空间形态以流畅曲线为主，主要材料为 GRG、玻璃、亚克力、黑镜钢。无线网络使得人员移动不受限制，员工不再被锁定在固定座位，人们的工作观念也发生了根本变化，从而产生全新的办公理念。设计采用弹性的空间安排，取代传统阶梯式的配置。

室内风格时尚、简洁、色彩明快，有一定创意。设计元素及手法充分体现新媒体创新企业特性及文化，营造出与企业相符的空间气质。

设计总负责人 • 曹殿龙
项目经理 • 郝晨红
室内设计 • 王盟　李静　程明星
　　　　　高文娟　薛冬春

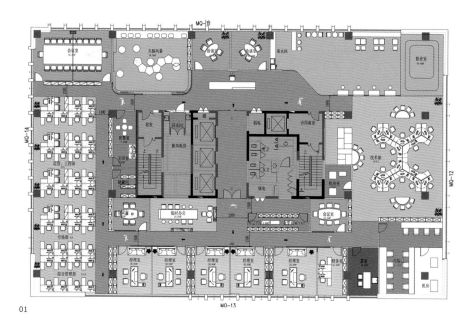

01

02

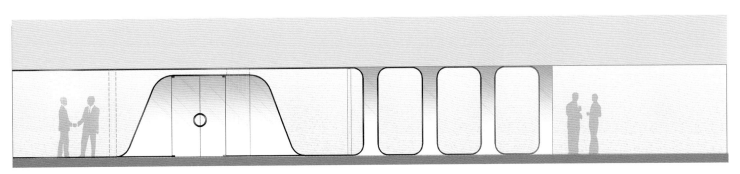

03

04

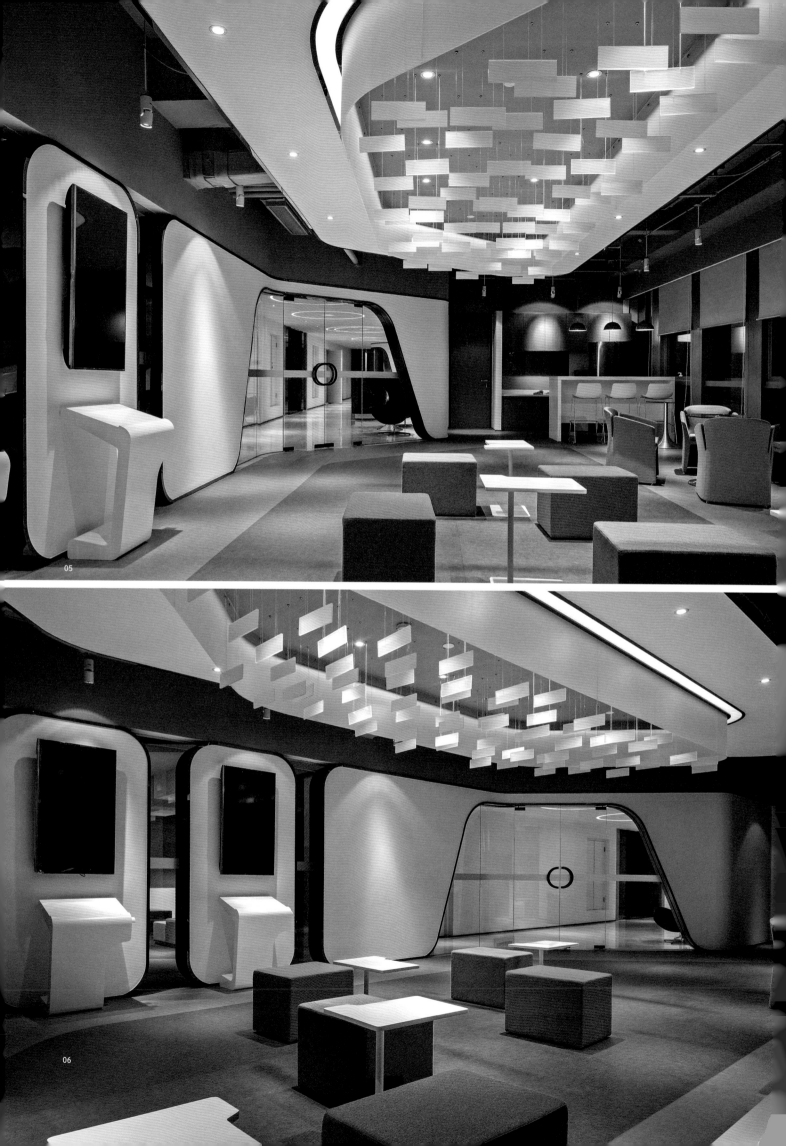

对页 05－06　企业展厅

本页 07　头脑风暴区

　　　08　开放办公区

　　　09　会议室

　　　10　茶水区

其他获奖项目

中央社会主义学院学员宿舍
及文体中心

三 等 奖 • 综合楼
建设地点 • 北京市海淀区
用地面积 • 0.67 hm²
建筑面积 • 4.62 万 m²
建筑高度 • 64.00 m
设计时间 • 2015.03
建成时间 • 2015.12

915 办公楼

三 等 奖 • 政府办公
建设地点 • 北京市丰台区
用地面积 • 8.35 hm²
建筑面积 • 9.25 万 m²
建筑高度 • 76.05 m
设计时间 • 2012.06
建成时间 • 2015.09

首都医科大学附属北京潞河医院
门诊综合楼

三 等 奖 • 医疗
建设地点 • 北京市通州区
用地面积 • 0.58 hm²
建筑面积 • 7.08 万 m²
建筑高度 • 42.00 m
设计时间 • 2013.06
建成时间 • 2015.07

望京东园 4 区

三 等 奖 • 商务办公
建设地点 • 北京市朝阳区
用地面积 • 3.14 hm²
建筑面积 • 17.97 万 m²
建筑高度 • 156.00 m
设计时间 • 2013.07
建成时间 • 2013.12
合作设计 • 上海尤埃建筑设计有限公司

焦作市太极体育中心体育馆

三 等 奖 • 体育馆
建设地点 • 河南省焦作市
用地面积 • 21.59 hm²
建筑面积 • 5.39 万 m²
建筑高度 • 50.41 m
设计时间 • 2011.12
建成时间 • 2014.09

启航国际三期

三 等 奖 • 商务办公
建设地点 • 北京市房山区
用地面积 • 4.52 hm²
建筑面积 • 16.7 万 m²
建筑高度 • 45.00 m
设计时间 • 2014.03
建成时间 • 2015.02
合作设计 • 上海鼎实设计公司

博才梅溪湖小学

三 等 奖 • 中小学
建设地点 • 湖南省长沙市
用地面积 • 4.00 hm²
建筑面积 • 2.44 万 m²
建筑高度 • 20.50 m
设计时间 • 2012.12
建成时间 • 2015.04
合作设计 • 中机国际工程设计研究院有限公司

天恒·乐墅住宅（多层部分）

三 等 奖 • 多层住宅
建设地点 • 北京市房山区
用地面积 • 7.43 hm²
建筑面积 • 14.19 万 m²
建筑高度 • 36.00 m
设计时间 • 2014.06
建成时间 • 2015.10

农光里一区住宅改造抗震设计

专 项 奖 • 抗震设计
建设地点 • 北京市朝阳区
建筑面积 • 4.26 万 m²
建筑高度 • 17.60 m
设计时间 • 2013.09
建成时间 • 2013.10

图书在版编目（CIP）数据

BIAD 优秀工程设计. 2016 / 北京市建筑设计研究院
有限公司主编. —— 北京 : 中国建筑工业出版社 , 2017.5
　ISBN 978-7-112-20787-9

Ⅰ . ① B… Ⅱ . ①北… Ⅲ . ①建筑设计 – 作品集 – 中
国 – 现代 Ⅳ . ① TU206

中国版本图书馆 CIP 数据核字（2017）第 113661 号

责任编辑：徐晓飞　张　　明
责任校对：焦　乐　张　　颖

BIAD 优秀工程设计 2016
北京市建筑设计研究院有限公司　主编
＊
中国建筑工业出版社出版、发行（北京海淀三里河路 9 号）
各地新华书店、建筑书店经销
北京雅昌艺术印刷有限公司制版
北京雅昌艺术印刷有限公司印刷
＊
开本：965×1270 毫米　1/16　印张：12½　字数：240 千字
2017 年 6 月第一版　2017 年 6 月第一次印刷
定价：145.00 元
ISBN 978-7-112-20787-9
　　（30448）